本书基于2024年河南省软科学研究计划项目《豫酒文化的多模态创新表达研究》

豫酒文化多模态创新表达研究

闻华 著

湘潭大学出版社
XIANGTAN UNIVERSITY PRESS

图书在版编目（CIP）数据

豫酒文化多模态创新表达研究 / 闻华著. -- 湘潭：湘潭大学出版社，2024. 12. -- ISBN 978-7-5687-1637 -6

Ⅰ. TS971.22

中国国家版本馆 CIP 数据核字第 20246YC914 号

豫酒文化多模态创新表达研究

YUJIU WENHUA DUOMOTAI CHUANGXIN BIAODA YANJIU

闻华 著

责任编辑：唐小薇
封面设计：张博雅
出版发行：湘潭大学出版社
社　　址：湖南省湘潭大学工程训练大楼
电　　话：0731-58298960 0731-58298966（传真）
邮　　编：411105
网　　址：http://press.xtu.edu.cn/
印　　刷：长沙超峰印刷有限公司
经　　销：湖南省新华书店
开　　本：710 mm×1000 mm 1/16
印　　张：12.25
字　　数：200 千字
版　　次：2024 年 12 月第 1 版
印　　次：2024 年 12 月第 1 次印刷
书　　号：ISBN 978-7-5687-1637-6
定　　价：62.50 元

目　录

绪　论

河南是我国酒的发源地之一，"仪狄造酒"的故事流传于此，酒文化底蕴深厚。自 2017 年河南省政府提出"豫酒振兴"计划以来，至 2022 年河南主要白酒品牌在省内所占销售份额仅为 19.04%。河南市场对白酒消费需求巨大，但豫酒却没有成为河南白酒消费的主体。文化是赋能产品增值的有效工具，豫酒振兴除了要在继承发扬豫酒传统酿造工艺上推陈出新外，还要唱好文化这台大戏，让豫酒产品伴随豫酒文化的影响力而获得新生。2023 年 9 月，河南省人民政府发布了《河南省培育壮大酒饮品产业链行动方案（2023—2025）》，明确提出要扩大豫酒品牌影响力，深入挖掘仰韶文化遗址、杜康酿酒遗址、贾湖遗址等历史文化内涵，树立中华优秀传统文化赋能品牌发展的理念，构建豫酒文化生态体系，重塑豫酒品牌。因此分析豫酒文化传播现状以及找到适合的，能够赋能豫酒产品的多模态创新表达策略，对促进豫酒振兴，推动河南文化发展和经济建设具有十分重要的意义。

笔者以"豫酒"为主题词在中国知网进行了相关文献检索，共检索相关文献 184 篇，对文献进行可视化分析，抽取排列前 10 的文献发表单位可以看出：河南学界对豫酒的研究相对较少，主要是仰韶酒业和酒业协会占比最大，分别占比 23.91%和 22.83%，如图 0-1 所示。从文献研究的内容和主题上看，涉及工业经济的文献为 159 篇，涉及新闻与传媒的只有 2 篇，如图

0-2 所示。

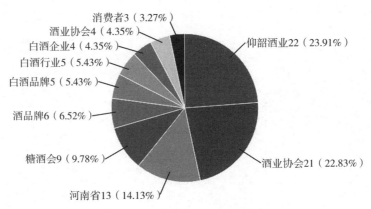

图 0-1　知网检索以"豫酒"为主题词的文献发表单位分布

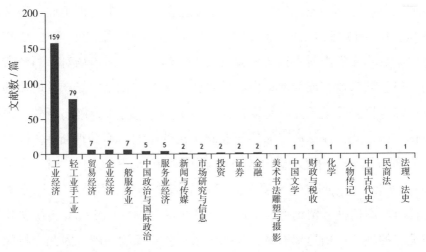

图 0-2　知网检索以"豫酒"为主题词的主题分布

　　笔者又进一步以"豫酒文化"为主题词在中国知网进行检索，发现此类的研究更少，目前只查到 18 篇文献，在可示化分析中：文献发表单位以酒类报刊居多，如图 0-3 所示；文献主题分布如图 0-4 所示。

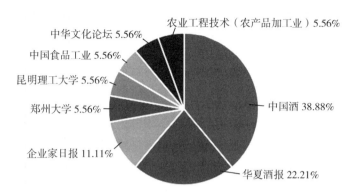

图 0-3 知网检索以"豫酒文化"为主题词的文献发表单位分布

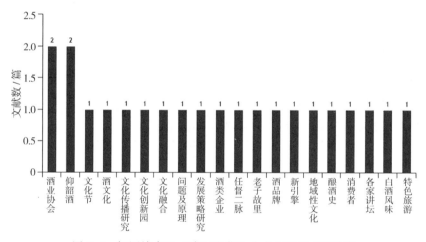

图 0-4 知网检索以"豫酒文化"为主题词的主题分布

在这些文献中,郑州大学李玉瑞(2020)在《豫酒品牌文化传播研究》中分析豫酒品牌的发展现状,将豫酒品牌与外地品牌进行对比,分析豫酒品牌目前存在的问题。昆明理工大学宋笑笑(2016)在《地域性文化要素在河南酒包装设计中的应用研究》中提出,河南酒缺少的不是文化,而是独具地域特点的酒品牌文化。李策、柳剑华(2013)在《豫酒文化的思考》中提出"一部豫酒史,半部国酒史;一部豫酒史,半部河南史"的观点。华夏酒报记者陈振翔(2020)在《"文化先行"成豫酒发展新引擎》中指出,让文化赋能,是企业快速发展的动力源泉,更是全面讲好豫酒文化,展示豫酒自信,重塑豫酒竞争力的一种宣誓。

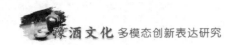

通过分析，笔者认为目前河南学界对豫酒文化研究整体上数量较少，现有研究主要是以宏观、概括性阐释为主，对豫酒文化的内涵研究没有形成权威和统一的阐释，对豫酒文化传播外宣的影响因素没有梳理，对现有豫酒文化传播的内容和形式缺乏设计和研究。总之，现有豫酒文化研究缺乏理论指导，大多数以宏观、概括性分析为主，缺乏对豫酒文化的微观观察和具体分析，缺乏用于指导具体分析的理论基础和方法论。鉴于当前豫酒文化研究现状，本书将系统性整理豫酒文化资源，在广泛调研基础上，对豫酒文化的内涵和特点进行界定，力争形成较为权威的阐释，使我省酒文化内涵表达做到共性与个性的有机统一。在统一的豫酒文化内涵阐释基础上，本书应用多模态话语分析理论对现有的豫酒文化宣传素材进行案例分析，分别总结和评价这些特色豫酒文化宣传材料表意效果的优劣，探究其是否实现了多模态积极人际意义的构建，以及各模态之间的配合是否得当，是否对豫酒文化的宣传起到促进作用等，进而提出具有积极人际意义构建且能实现有效传播的豫酒文化多模态创新表达策略，为推广河南特色文化传播和促进豫酒振兴做出贡献。

第一章　豫酒文化界定及其赋能
豫酒产品现状

第一节　豫酒产业现状

1. 产业现状

河南作为中国白酒的发源地，拥有深厚的酒文化底蕴。"仪狄造酒"学说、"杜康造酒"学说、仰韶文化遗址以及在信阳市出土了3000多年前的商代古酒，均为豫酒文化积淀了丰富的历史内涵。中原文化的深厚底蕴与质朴的民风、快速发展的经济规模、得天独厚的区位优势、蓬勃发展的商贸往来，加之9800万的人口基数，使河南成为白酒产销的重要省份。此外，河南作为全国重要的交通枢纽和物流中心，其便捷的铁路、航空运输网络及高速公路网络，为酒类等商品的集散提供了得天独厚的条件，因此，"得中原者得天下"已成为众多酒类品牌的共识。

根据中国轻工业联合会发布的数据，2021年，中国白酒产量达到71.56亿升，规模以上企业累计销售收入约为6033亿元。具体到河南省，2021年，白酒产量为11.80亿升。2022年，河南省主要品牌白酒市场流通数据销售额为618.84亿元，其中省内品牌流通数据销售额为117.83亿元，仅占19.04%。

豫酒产业作为河南省的特色产业之一，已经构建了相对完善的产业架构。据权威统计，豫酒产量持续稳定增长，市场规模亦逐年扩大。河南省内酿酒企业众多，涵盖大型、中小型酿酒厂及各类家庭式酿酒作坊，形成多层次的酒类市场结构。在市场中，销售额领先的豫酒品牌如仰韶酒、杜康酒和宝丰酒等，凭借其深厚的历史底蕴和独特的酿造技术，获得了很多消费者的青睐。同时，豫酒的消费群体持续扩大，年轻人对豫酒的接受度有一定程度的提高，有力推动了市场的快速增长，这些都是"豫酒振兴"的潜在要素。

随着酒类消费市场的日益成熟和竞争的白热化，品牌竞争已成为白酒市场的核心。尽管河南省白酒行业经历了一系列改革与重组，河南省政府也从各个层面大力扶持本地酒企业发展，很多酒企业也进行了大刀阔斧的改革和重组，但从整体运作趋势和实际效能来看，河南省白酒企业在市场操作与品牌传播方面仍有待加强。要成为比较强势的本地品牌，能和域外白酒品牌抗衡，河南省白酒企业需精准定位支撑市场，内抓产品质量，外抓外宣传播，势必要充分挖掘中原厚重的文化资源，重塑豫酒品牌的整体形象，利用文化战略优势赋能本地白酒品牌，先打好豫酒本土销售的攻坚战，进而在做大做强龙头品牌的情况下，形成品牌和口碑效应，进行域外市场渗透和扩散，最终形成强势的区域品牌影响力。

2. 存在问题

河南省白酒文化，自古以来便如一条悠长的河流，绵绵不绝，其历史底蕴之深厚，足以令人叹为观止。在这片丰饶的中原大土地上，曾经孕育出了诸如仰韶、宋河、宝丰、杜康、赊店、张弓等众多杰出的白酒品牌，在中国的酒文化历史和中国白酒版图中占有重要的位置，熠熠生辉。

然而在目前全国白酒市场上，河南省白酒企业在数量上虽然颇为可观，但不可否认的是，因缺乏具有全国影响力的代表性品牌，高端市场占比较低，市场的主体仍集中在中低档产品，这使得知名豫酒品牌显得尤为稀缺，豫酒整体品牌影响力也相对有限。这就造成当下河南白酒市场，品牌竞争激烈严峻，河南省整体白酒消费量很高，但本土酒企所占份额却很有限，造成"本地酒在本地却销售不佳"的窘境。

在外来知名白酒品牌的强烈冲击下，许多地方性酒企面临着前所未有的挑战。它们似乎被束缚在固守阵地的困局中，难以向外拓展，更难以在激烈的市场竞争中脱颖而出。面对这样的局面，我省白酒企业需要不断创新，提升品质，以应对市场的挑战，为河南省白酒文化的传承与发展注入新的活力。

回顾过去，河南省委省政府一直对于豫酒行业的发展给予了高度重视。早在2022年2月的河南省委农村工作会议上，省委书记楼阳生便明确提出，要在做强酒业上寻求突破，积极培育酒业重点龙头企业，努力打响豫酒品牌。为此，楼阳生书记还亲自赴宝丰和仰韶酒业进行调研，以实际行动表达了对豫酒行业发展的坚定支持。

豫酒行业近年发展势头迅猛，根据河南省酒业协会精心编纂的《2023年河南酒类行业市场发展报告》所展示的情况：2023年，河南省内酒类品牌的流通销售总额已高达142.36亿元。特别值得一提的是，其中的16家地产酒龙头企业（包括仰韶、杜康、宝丰、宋河、赊店、五谷春、皇沟、蔡洪坊、寿酒、贾湖、豫坡、鸡公山、张弓老酒、朗陵罐、姚花春、顿丘），它们的市场销售额累计达到113.89亿元，与去年同期相比，增幅高达20.59%，这一增长速度显著超过了全省白酒行业的平均增长水平。这16家地产酒企业中，更有10家实现了超过10%的销售额同比增长，凸显出强劲的增长势头和持续的发展动力。

此外，在激烈的市场竞争中，本地白酒也在诸多域外知名酒品牌中杀出一条血路，在全省酒类流通销售额的TOP10榜单中，本土品牌仰韶酒和杜康酒便占据了两席；而在TOP30中，更是多达七个省内品牌榜上有名。这一成绩充分证明了河南省地产酒品牌的竞争力和市场影响力。

然而，从近年来所呈现的数据，以及民间对豫酒的整体口碑评价来看，河南本土酒类消费市场的扩大和升级依然面临着一定的挑战。2023年度，河南市场销售额排名前 10 的名酒企业中，贵州茅台占 29%，五粮液占 20%，郎酒占 11%，洋河占 10%，剑南春占 9%，汾酒占 8%，泸州老窖占 5%，宝丰占 3%，古井贡占 3%，宋河占 2%，① 仍然是贵州茅台、五粮液、郎酒、剑南春等省外白酒占据优势地位。豫酒品牌虽然总量大、产品多，但规模相对较小，知名品牌较为匮乏。据不完全统计，目前河南省共有大大小小豫酒品牌 200 余种，几乎每个城市都有本土品牌，但真正具有一定知名度和美誉度的品牌不多。可见豫酒品牌的总产量和销量均相当可观，但品牌众多且分散，导致缺乏集中且大规模的白酒生产集团，难以形成集约化效应。此外，河南省十八地市各自拥有独特的白酒品牌、企业文化和营销策略，且几乎每个品牌都推出了多样化的系列产品，同质化较为严重，品牌之间容易交叉重叠。尽管豫酒产品种类繁多，却始终未能诞生一款能够跨越地域界限，走向全国的知名品牌，形成头雁效应，以拉动豫酒整体发展。

此外，豫酒品牌还面临着产品质量参差不齐、品牌定位模糊、包装设计简单粗糙以及内部竞争激烈的挑战。尽管豫酒企业也致力于通过精美的包装设计来提升产品的文化附加值，吸引消费者，但在运用文化元素时，却未能充分挖掘和利用本地的区域文化特色，有的反而引入了其他地区的文化元素，这导致本土文化特色得不到有效的传承与宣扬。这不仅是品牌的遗憾，也是对本土文化资源的浪费。豫酒品牌若想在激烈的市场竞争中脱颖而出，必须深入挖掘本土文化，将其融入产品设计与品牌建设中，打造独特的品牌个性和提升市场竞争力。展望未来，河南省酒业企业仍需进一步加大投入，提高品牌影响力和市场竞争力，以应对日益激烈的市场竞争和消费者需求的变化。

3. 他山之石

豫酒的品牌价值与我国酒文化和酒品牌做得比较好的省份，如四川省和贵州省的白酒品牌相比较，显然还存在一定的差距。在营销宣传方面，贵州

---

① 河南省酒业协会.2023 年河南酒类行业市场发展报告［R/OL］.2024-3-21.

茅台、四川五粮液，甚至包括比较小众的重庆江小白等品牌，都针对自身的形象定位，进行了大刀阔斧的尝试，并取得了斐然的成绩。四川省在川酒文化品牌建设和保护方面做得非常出色，挖掘并丰富了川酒品牌内涵。他们积极引导并规范了"酒镇酒庄"的建设，进一步丰富了"中国白酒金三角"的品牌内涵。同时，他们还深入挖掘了四川名优白酒品牌"五粮液"的文化价值和头雁效应。作为川酒和中国白酒的领军企业，五粮液正是赓续川酒文脉、传递川酒文化、传承川酒生命的集大成者。数千年来，五粮液古窖池群的使用从未间断，其古法酿造技艺的承袭传承从未间断，其工匠精神的继承从未间断，其对卓越品质的追求从未间断，其对和美价值的传递从未间断。这种无断代的传承，不但在中国，在世界范围内也都极为罕见。四川紧紧抓住这一独特优势，大力度的五粮液酒文化宣传和品牌营造，创新了品牌宣传策略，巩固了其行业领先的品牌地位，并努力把五粮液酒打造成世界名牌。除了代表性的五粮液以外，四川省还实施了川酒二线品牌企业的"特色化""差异化"品牌发展战略，提升了其国内知名度，增强了其市场竞争力，打造了区域强势品牌。2018年，四川在宜宾成立了中国白酒学院、五粮液学院，面向全行业开展人才选调与实训基地建设，加快开发各类技术技能人才资格认定、认证课程，着力打造白酒全产业链、全学科链、全培养链的人才培养体系，为推动白酒产业的转型升级提供强有力的人才支撑和智力支持。① 四川还加强了"校企""院企"合作，在四川轻化工大学成立五粮液白酒学院和川酒文化国际传播研究中心，强化了白酒酿造、管理、营销和外宣人才的培养，注重培养"产、学、研、销"复合型人才。四川省还推动建立了行业青年学术带头人后备人才库，加大了年轻顶尖人才的培养力度。反观豫酒，在品牌价值、品牌建设和保护、营销宣传等方面，与四川和贵州的白酒品牌相比，还有很大的提升空间。豫酒需要借鉴四川和贵州的经验，加强品牌建设，提升品牌价值，创新营销宣传策略，加强人才培养，以提升国内知名度和市场竞争力，努力打造世界名牌。同时，豫酒也需要加强

---

① 宜宾市国资委．中国白酒学院、五粮液学院正式建成［EB/OL］．http：//gzw.sc.gov.cn/scsgzw/c100115/2018/9/21/577d9603232740ee95e5f9795d7abea5.shtml.2018-09-21.

与学校、研究院等机构的合作，培养更多高素质的白酒营销和管理人才，推动豫酒产业的发展。

贵州省的茅台酒是中国大曲酱香型酒的鼻祖，被尊称为"国酒"，贵州茅台特别强调"国酒"宣传，并把国酒文化概括为包含了历史文化、红色文化、质量文化、健康文化、诚信文化、营销文化、创新文化、责任文化、融合文化、生态文化等内涵丰富的 10 个文化。国酒文化是中华民族优秀文化的典型代表和具体传承，也是一代代国酒人创造性的物质实践、精神实践相互发酵、升华积淀的结果，具有独特性、先进性、唯一性和民族性。除了品牌自身强悍之外，贵州在进行酒文化传播时也是多渠道并进，走文旅融合路线，进一步扩大了以茅台为代表的贵酒的整体知名度和影响力。比如贵州省选择了一批有条件的民营酿酒企业，作为旅游观光点，并规划建设了一批集餐饮、住宿、娱乐、休闲为一体的特色酒庄。贵州省加快了开发以"国酒茅台"和"贵州白酒"文化为主题的旅游商品和纪念品，计划在全省机场、高铁站、高速公路服务区建设 100 个品牌形象展示店。同时，贵州省鼓励和支持茅台集团、习酒公司、青酒公司等白酒企业创建国家 A 级旅游景区、国家人文旅游示范基地和国家康养旅游示范基地。贵州省还大力开发白酒旅游商品，打造了一批"白酒+生态旅游、红色旅游、乡村旅游"的精品线路。

山西省在推广汾酒品牌文化方面采取了一系列具有针对性的策略。他们着重以国藏汾酒和青花瓷汾酒这两款顶级酒作为传播品牌文化的载体，以此展现汾酒的高端形象和品牌价值。同时，他们也充分认识到老白汾系列在中档酒市场的重要地位，借助这一系列产品来提升汾酒品牌的整体形象，增强品牌的市场竞争力。在低价位酒市场，山西省则以杏花村系列产品为主导，积极拓展全国市场，以满足不同消费层次的需求。为了进一步推进汾酒文化在区域市场的渗透，山西省不断深化汾酒文化的创新，依托汾酒文化平台，大力提升文化自主创新的能力，从而提高文化对经济增长的贡献率。在此基础上，山西省还积极推进杏花村酒文化旅游基地的建设，使其成为汾酒文化传承的重要载体，同时，这也是推动汾酒文化与茅台、泸州老窖联合申报世界非物质文化遗产的重要举措。此外，山西省还持续举办中国山西杏花村汾酒文化节，以汾酒文化为主题，搭建一个对外交流和合作的平台，通过这一平台，山西省向世界展示其独特的汾酒文化，推动文化与经济的互动发展，同时也为全球消费者提供一个深入了解汾酒文化的窗口。

面对兄弟省份在各自特色酒品和酒文化的深耕细作、久久为功。河南省也应该借鉴和吸收，一方面，竭尽全力提高豫酒产品的产品质量，致力于打造具有"独特风格和香味"的豫酒系列化产品线。区分高中低档位，应当包含多种香型，覆盖高中低各个度数，同时满足不同层次消费者的需求。另一方面，应当努力支持品牌的培育工作，以提升品牌价值为核心目标，全力巩固和提高仰韶、杜康、宝丰、宋河、张弓和赊店老酒等知名品牌的市场地位。同时，也要面对新兴消费市场，积极培养和发展潜力大、能够通过品牌文化和知识传播吸引忠实消费群体的本土特色品牌。和其他省份一样，河南省也应该引导"豫酒"与"豫菜""豫茶""豫旅"等其他河南特色产业相结合，特别是在广播电视传媒、影视作品、餐饮服务业中大力推介河南本地酒类品牌。通过这种方式，我们可以进一步提升豫酒的品牌知名度和市场占有率，同时也能够推动河南其他产业的发展，实现产业共赢。

第二节　豫酒文化内涵

1. 豫酒的历史文化

豫酒文化，作为河南省酿酒行业的一种特有文化现象，通过豫酒的酿造技术的传承和发展，以及豫酒消费过程中呈现的名人轶事和风土人情，展现出了独特而丰富的文化内涵。豫酒文化深深地扎根于河南悠久的历史传统之中，蕴含着深厚的文化积淀。作为中国历史最为悠久、酿造工艺最为精湛的白酒之一，豫酒不仅是河南地域的人文历史和智慧的结晶，更是中国酒文化的瑰宝。

　　豫酒的独特工艺和特点，为豫酒文化增添了独特的韵味。因为一套完整的酿酒工艺要与当地的气候和生态相匹配，独特气候和生态决定了微生物的种类和数量，对酿酒的酒质起着至关重要的作用。仰韶酒的醇厚悠长、宝丰酒的清香净爽、杜康酒的绵甜爽口、皇沟酒的天成奇香、金谷春酒的陈香四溢……不同的产区、不同的环境、不同的天地灵气造就了不同的豫酒风格。天生水土，地养五谷，人酿美酒。天、地、人，三者的高度融合，才有了誉满中原、溢香华夏的豫酒。[①] 这种独特的口感和风味，使得豫酒在华夏文明的滋养下，融合了中华民族饮食文化中"协调与中和"的理念，被赋予了更多的象征意义。

　　豫酒的历史悠久而辉煌，在中原文化的考古发现中，酿酒的历史被不断向前推进。在河南漯河市，考古发现了来自9000年前的最早的制酒证据，包括粳米、葡萄、山楂酒等。在河南三门峡市，考古发现了来自7000年前的中国最早的谷芽酒。在河南洛阳市，考古发现了来自4000年前夏朝时期的中国最早的青铜爵，同时也证实了伊河流域是制酒业的核心区。在河南安阳市的关于商朝时期的考古发现中，发现了中国最早的"酒"字（甲骨文），以及以酒器为生的氏族。在河南信阳市，出土了3000多年前的商代古酒，是中国最早的酒的实物证据。周朝时期，在卫国（今河南鹤壁市、濮阳市一带）出现了最早的禁酒令，开始出现了"酒文化"。在河南南阳市，出土了春秋战国时期楚国的酒台——国家一级文物"云纹铜禁"。从酒的发明，到制酒业的繁盛，到形成了历朝历代的酒文化，酒诗、酒画、酒礼层出不穷，中原地区的酒文化发展史就是一部浓缩的中国"酒史"。

　　可以这么说，中国，作为世界酒的鼻祖，拥有着无可争议的制酒业"始祖"地位，这一成就早于国外整整一千年。而河南的考古发现为此提供了直接证据，在中国的酒文化史中占据了举足轻重的地位，从安阳殷墟出土的甲骨文"酒"字的汉字构造上便可见一斑，那独特的"酉"字象征着酒坛，

---

　　① 朱金中. 遵循传统 独具匠心 独特技艺酿出豫酒好品质 [N]. 大河报，2021-01-15（09）.

三点水构成代表着酒液，如图1-1所示。

图1-1 甲骨文"酒"

安阳殷墟出土的甲骨文中出现了"酒"字，这实证了早在3000多年前，"酒"字就已经作为汉字被使用，流传至今。同时，与之相伴的还有各式各样的饮酒器具，这足以证明当时人们对于酒的热爱与追求。而"酉"字在后期的意义演变中，代表时辰，"酉时"即从下午五点到晚上七点。它不仅仅是一个时辰的标识，更象征着古人一天的劳作结束，那时官衙在这个时辰关闭，门口悬挂的"酉牌"便是告知人们劳作已毕，是时候放松片刻，享受一杯美酒了。因此，酒宴也往往在这个时间段内拉开帷幕，这便是"酉"字的深意所在。

2. 代表性豫酒文化

（1）杜康酒文化

杜康，又名少康，华夏酿酒技艺的奠基者。据传说，他不仅是秫酒生产工艺的开创者，更是中国历史上首个奴隶制国家——夏朝第六代君王。杜康的统治时期长达二十一年，他在此期间成功引领了历史上著名的"少康中兴"时期，为后世留下了四千余年的辉煌记忆。《史记·夏本纪》记载："帝相崩，子帝少康立。帝少康崩，子帝予立。"当夏朝第四位君王帝相在位时，因政变遭遇不测，然而，帝相之妻后缗氏当时已有身孕，她机智地逃至娘家"虞"（今河南商丘），并在那里诞下一子。为寄托对他如同祖父仲康般有所作为的期望，他们给他取名少康。

据《左传·哀公元年》、古本《竹书纪年》及《历代帝王志》等史籍记载，在少康复位之前，夏祀中断了约四十年。在约公元前 1900 年，少康成功复国并重新登上王位。范文澜在《中国通史》中也提及，杜康即夏王相之子，为躲避夏朝逆臣寒浞的追捕，他自河南虞城迁至伊水东岸的皇得地村，利用"上皇古泉"之水，开启了专业的酿酒生涯。后来，他又迁往伊河西岸的白虎泉畔。历史学家郭沫若主编的《中国史稿》中也有相关记载。①

以上丰富的史料充分证明，杜康在公元前 1900 年前后，于河南洛阳龙门伊川县皇得地村开始酿造秫酒。他酿制的酒液"清冽透明，浓郁芳香"（《说文解字·中部》），因此得名杜康酒。杜康酒一经问世，便迅速享誉四方。洛阳龙门以南有一条杜康河，古称空桑河，流传着杜康醉八仙和杜康醉刘伶的传奇故事。

史籍中多处提及仪狄"作酒而美""始作酒醪"的记载。有一种说法认为"仪狄作酒醪，杜康作秫酒"，从字面理解，二者所酿之酒确有不同。"醪"是由糯米发酵加工而成的"醪糟儿"，口感温软，味道甜美，常见于江浙地区。如今，许多家庭仍会自制此糟儿。而"秫"则是高粱的别称，杜康酿造秫酒，即意味着他的酿酒原料主要是高粱。据此推测，仪狄或许是黄酒的创始人，而杜康则是高粱酒的奠基者，被后世尊称为"酒祖"。

杜康酒的盛名更多见于能够穿越千年的浩荡历史文献中。据不完全统计，明确记载杜康造酒的古典文献有 20 多部，如《酒诰》《世本》《说文解字》《战国策》《汉书》等；明确提及"杜康"名字的诗词歌赋有 100 多首，最有代表性和流传性的就是魏武帝曹操那首《短歌行》里的"何以解忧，唯有杜康"。另外，唐代大诗人白居易的"杜康能散闷，萱草解忘忧"、北宋文学家苏轼的"从今东坡室，不立杜康祀"、北宋哲学家邵雍的"吃一辈子杜康酒，醉乐陶陶"、元代元好问的"总道忘忧有杜康，酒逢欢处更难忘"都使得杜康这个名字在一定程度上成为中国美酒的代名词。杜康除了存在于历代文学作品的名篇佳句中，与杜康相关的传说故事、民俗民谣也举不胜举，比较有名的就有"杜康造酒醉刘伶"等故事。

---

① 熊玉亮. 豫满中国：河南酒业 60 年 [M]. 郑州：河南人民出版社，2009.

（4）仰韶酒文化

历史学家在对河南舞阳贾湖遗址中发现的陶器进行分析时，也找到酒存在的证据，得出了世界上酒的诞生可追溯到约9000年前这一论断。这恰好与辉煌的仰韶文化所经历的历史阶段不谋而合。史料明确记载，酒的繁荣始于古老的三皇时代——即伏羲、神农、黄帝的时代，彼时酿酒技术已臻至高峰。仰韶文化作为这段历史的重要载体，不仅呈现了新石器时代人类文明的辉煌成就，更为后世留下了深厚的酒文化根基。

仰韶文化如同黄河中游的一颗璀璨明珠，于1921年在河南省三门峡市渑池县仰韶村被首次发掘并得名。作为仰韶文化的发源地之一，渑池这片古老的土地，在长达6000多年的历史长河中，始终与酒相伴。春秋战国时期的"渑池会盟"便是在这片神奇的土地上举行，成为渑池历史上最为辉煌的篇章。在这场盛大的历史事件中，当地特产的"醴泉佳酿"更是功不可没，它既是与会者欢聚的佳酿，也是智慧与权力较量的见证。

仰韶文化横跨了约5000至7000年的历史长河，其影响范围覆盖了黄河中下游的广大区域，核心区域包括河南西部、陕西渭河流域以及山西西南部。其影响力更是远及河北中部、汉水中上游、甘肃洮河流域，直至内蒙古河套地区。迄今为止，已发掘的仰韶文化遗址近百处，每一件出土的文物都见证了仰韶文化独特的魅力。

在农业领域，当时的仰韶文化已构建了较为完善的农业体系，主要农作物为粟和黍，家畜则以猪为主，兼有狗等其他动物。此外，仰韶文化的居民还积极从事狩猎、捕鱼和采集等多种经济活动。生产工具方面，仰韶文化以精湛的磨制石器技艺闻名，诸如刀、斧、铸、凿、箭头以及纺织用的石纺轮等，都展现出了高超的技艺。同时，骨器的制作也体现了其非凡的精细度。在日常生活中，仰韶文化的陶器丰富多彩，种类繁多，如水器、甑、灶、鼎、碗、杯、盆、罐、瓮等。这些陶器多以细泥红陶和夹砂红褐陶为主，色彩艳丽，形态各异。这些陶器经过精细的手工制作，器壁平整，显得格外规整。尤其是红陶器上的彩绘几何形图案或动物形花纹，更是仰韶文化的显著标志之一，因此仰韶文化

也被称为彩陶文化。

据考古研究和发现，仰韶文化的村落选址大都于河流两岸的阶地或两河交汇的高地，这些地方土地肥沃，有利于农业和畜牧业的繁荣，同时也便于取水和交通。村落规模各异，大多井然有序，周围设有围沟，村落外则有墓地和窑场。特别值得一提的是，在仰韶文化时期，酿酒技术已经达到了极高的水平，成为当时社会生活中不可或缺的一部分。酒不仅用于祭祀天地鬼神和祖宗社稷，还广泛渗透到政治、经济、军事、文学艺术及日常生活的各个领域。仰韶文化的酒文化以其独特的方式深刻地影响了整个社会的发展，形成了博大精深的酒文化体系，成为中国传统文化宝库中的瑰宝。

（3）宋河酒文化

中国酒文化，作为独树一帜的文化现象，其形成与发展与老子这一道教巨匠的贡献密不可分。老子，作为道教的鼻祖，其深远影响不仅体现在哲学思想上，更体现在中国传统文化上，尤其是在休闲文化、饮食文化和酒文化上。

老子故里在河南鹿邑县。这片位于河南省东部、淮河流域的肥沃土地上，蕴藏着丰富的历史文化遗产。这里是老子哲学思想的发源地，而其深厚的文化底蕴也在酿酒工艺中得以体现。据史书记载，鹿邑地区早在约 3600 年前就有了酿酒的历史。从鹿邑"长子口"墓中发现的 48 件酒器，就足以证明其酿酒技艺的古老与精湛。这些酒器包括尊、斛、角、觥、壶和斗等 11 种类型，经专家鉴定为商代文物，距今已有 3600 年的历史。

老子的哲学思想，特别是其"人法地、地法天、天法道、道法自然"的理念，为宋河酒这一名酒品牌的诞生提供了深厚的文化底蕴。宋河是鹿邑东北处一条清澈甘甜的泉水河，据说当年"孔子问礼老子"就在古宋河之滨，其优质的水源为酒的酿制奠定了坚实的基础，宋河酒就由此而来。在老子的思想影响下，宋河酒的传统酿酒法至今仍保留着古代酿酒工艺的遗风，这些工艺在现代科技高度发展的今天仍显珍贵。

在制曲工艺中，宋河酒仍采用人工采油、自然接种、堆码培曲等传统方法，确保酒曲的品质。而在浓香型大曲的生产中，更是坚持池泥发酵、混蒸混烧、老五甑等工艺，这些传统工艺的运用使得宋河酒具有独特的口感和风味。在老子"柔弱胜刚强"的哲学思想指导下，宋河酒的传统工艺中形成了"缓火蒸馏、缓慢发酵"的操作方式，以柔和的手法酿造出绵软、甜美、不糙、不辣的佳酿。①

宋河酒的生产商河南宋河酒业股份有限公司，坐落于豫、皖交界的古宋河畔——鹿邑县的枣集镇。这里地理位置优越、气候条件独特、水资源丰富且清澈甘甜，是酿酒的理想之地。得益于这些得天独厚的条件，宋河酒业在党和政府的支持下，继承并发展了传统的酿酒工艺，酿造出了具有深厚文化渊源的宋河酒。自 1968 年建立第一家国营"鹿邑酒厂"以来，宋河酒业在党和政府的关怀下不断发展壮大。公司在继承传统老五甑生产工艺的基础上，采取延长发酵期、低温续渣、漫火蒸馏等技术手段，精心酿造出品质卓越的宋河酒。这些努力不仅使得宋河酒在市场上赢得了良好的口碑和广泛的认可，更在历次评酒会中屡获殊荣，成为中国酒文化中的一颗璀璨明珠。

（4）宝丰酒文化

据《酒经》典籍记载，仪狄乃酒醴之鼻祖，自此，酿酒的历史长卷便可追溯至夏禹时代的仪狄，跨越 4100 余载的岁月长河。《吕氏春秋》亦详尽描绘了仪狄于汝海之南、应邑之野，开创了酿酒之技，且巧手调制出五味俱全的美酒。古时，汝河穿城而过，其流域称为"汝海"，而宝丰便坐落于这汝河南岸的繁华之地。

商周时期，宝丰乃应国之疆土，应国遗址今位于宝丰县城东南十公里，是河南省的重要文化遗产保护之地。在这片历史深厚的遗址上，前后发掘出了数百座墓葬，出土文物不计其数，其中与酒息息相关的酒具酒器竟达三千余件。其中，提梁卣、蟠龙纹香、耳环、铜方壶、应伯壶和铜爵等文物，不仅展示了古人对酒的钟爱，更是通过爵内的大篆铭文，让我们领略了宝丰酒深厚的历史底蕴与当时宏大的酿造规模。进入隋唐时期，宝丰酒业迎来了前所未有的鼎盛时期，被誉为"唐兴宋盛"。大唐帝国将宝丰酒定为御用贡酒，通过东都洛阳，

---

①　熊玉亮. 豫满中国：河南酒业 60 年 [M]. 郑州：河南人民出版社，2009.

源源不断地送往长安。宋代宝丰酒更是达到高峰。据《宝丰县志》记载，北宋年间，汝州设有十酒务，宝丰独占七席，包括商酒务、封家庄、父城、曹村、守稠桑、宋村等地，酒务作为宋朝官方的酒类专营机构，年税收高达万贯。当时的宝丰，可谓是"万家立灶，千村飘香""烟囱如林，酒旗似蒉"，酒业之繁荣，令人瞩目。宋神宗更是派遣理学家程颢前来宝丰监酒，其治所双酒务，位于宝丰县城西北二十五里处，如今已更名为商酒务镇。金朝时期，宝丰酒业依旧繁荣不衰，资产万贯以上的作坊超过百家，商贩络绎不绝。监酒官包括镇国上将军、忠校尉、忠显昭信尉等十六人，官阶显赫。据《宝丰县志》记载，金朝正大年间，宝丰酒税高达四万五千贯，居全国之首。

在历史的长河中，宝丰酒业不断传承与创新。1947 年，宝丰解放后，陈宏达将军接管了宋德修开办的裕昌源酒馆，并在此基础上，合并其他酿酒作坊，组建了"豫鄂陕边区第五军分区酒局"。此时，宝丰酒主要用作医疗消毒、军兵庆功等。1948 年 5 月，中共中央中原局、中原军区机关迁驻宝丰，刘伯承、邓小平等老一辈革命家在此指挥了多场重要战役。宝丰酒作为军需品，为解放战争作出了不可磨灭的贡献。

如今，宝丰酒业与时俱进，融合了现代科技与古法酿造，在程氏古法六艺酿造法的基础上，提炼出了"宝丰六艺"酿造法（总结提升为"六净归一"），极大地提升了宝丰酒的品质。"六净"工艺即好曲制净、蒸粮润净、下曲扫净、陶缸守净、蒸酒留净、摘酒取净，每一道工序都精益求精，层层净化，确保了宝丰酒的卓越品质。[①]

（5）赊店酒文化

"赊店"这个名字里蕴含着丰富的历史传说和传奇色彩，它的来源可以追溯到我国东汉开国皇帝刘秀的一段感人至深的故事。根据史书的记载，公元 23 年，刘秀在这里竖起了反抗王莽暴政的义旗。而在起义的前夜，刘秀曾在一个名叫"刘记酒馆"的地方，畅饮美酒并且抒发自己的壮志，然后在赊欠了酒馆的旗帜之后，将其作为自己的帅旗，以此来鼓舞士气，最终成功地推翻了王莽

---

① 潘民中，严寄音. 宝丰酒乡溯源 [M]. 郑州：中州古籍出版社，2021.

的统治，建立了东汉王朝。为了纪念这一重大的历史事件，刘秀将这个地方命名为赊旗店，并且将当地的美酒封为"赊店老酒"，以此来表彰"刘记酒馆"的慷慨行为。赊旗镇，也就是后来的赊店镇，因为这一历史事件而闻名遐迩。同时，赊店也因为其得天独厚的地理位置而成为商贸的重要集散地。在明末清初，赊店镇利用潘河和唐河的水运优势，以及官道的畅通无阻，吸引了大量的商贾前来，成为南北货物的重要集散地，同时它也是古丝绸之路和万里茶路的重要的水陆中转站。因此，赊店镇被誉为"天下店，数赊店"和"豫南巨镇"，其商业的繁荣程度由此可见一斑。赊店镇于2007年被建设部和国家文物局正式命名为"中国历史文化名镇"，并在2010年荣获"全国特色景观旅游名镇"的荣誉称号。这些荣誉不仅是对赊店镇的历史文化的认可，也是对其独特的景观和旅游资源的肯定。

赊店镇地处三面环水的优越地理位置，土地肥沃，气候宜人，四季分明，水质纯净，非常适合农作物的生长，尤其是优质小麦和高粱的种植。赊店老酒，作为当地的传统名酒，其酿造工艺源远流长，秉承古法，精选上等粮食，采用百年泥池老窖，结合优质矿泉水，经过人工踩曲、中高温制曲等多道工序，最终在特制的土陶坛和陈年木海中长时间陈放，使得酒质刚柔并济，香气自然柔和。赊店老酒的历史可以追溯到夏朝，经过汉代的兴盛、明清时期的繁荣，直至现代。1949年11月，河南省酿酒工业公司赊店镇酒厂（今河南赊店老酒股份有限公司）成为河南省最早的国有酿酒企业。可以说，赊店的历史几乎就是一部用酒书写的历史。赊店老酒的悠久历史和独特酿造工艺，不仅积累了丰富的文化内涵，也使其成为河南乃至全国具有重要文化影响力的白酒品牌。历经千年的传承与发展，赊店老酒依然保持着其独特的魅力和市场竞争力，成为中华酒文化中的一颗璀璨明珠。

（6）贾湖酒文化

贾湖遗址位于河南省漯河市舞阳县北舞渡镇西南方向约1.5公里的贾湖村，是一处年代可追溯至9000年至7700年前的新石器时代的重要文化遗址，它属于著名的裴李岗文化。遗址的占地面积约55000平方米，这一面积足以显现其庞大的规模。在贾湖遗址的考古发掘过程中,出土了诸多珍贵的文物,其中最为引人注目的是现在仍可吹奏的五声至七声音阶的骨笛,这些骨笛不仅展示了古代音乐的发展水平,同时也反映了当时中原先民们的精神生活。此外,还发现了具有早期文字性质的甲骨契刻符号,这些符号为研究我国古代文字的起源提供了重要的实物证据。

遗址中还发现了粟及稻的栽培遗迹,这证明了贾湖的先民们已经掌握了农业生产技术,是我国农业文明的发轫之始。这里还发现了中国最早的家猪的遗迹,以及人工酿酒的遗迹,这些都极大地丰富了我们对中原古代文明的认识。鉴于其在我国历史文化中的重要地位,贾湖遗址于2001年被正式列入全国重点文物保护单位,得到了国家的重点保护。

贾湖酒业建立于贾湖遗址附近的舞阳县。舞阳位于中原腹地,地势两河交汇,三河竞流,自然地理环境十分优越。这样的地理环境不仅养育了中原地区的先民,也孕育了丰富的历史文化。基于这样地理位置和历史传承,舞阳的酿酒业自古以来就十分发达,一度成为其的重要象征。从1974年开始,舞阳人继承并发扬了民间的酿酒工艺,同时结合了现代先进的酿造技术,利用舞阳地区优质的天然水源,精心调配,创造出一系列美酒,其中包括富平春系列和贾湖系列酒,深受消费者的喜爱。这些美酒的酿造不仅传承了古老的工艺,也展示了现代技术的魅力,是文化与技术的完美结合。

(7) 张弓酒文化

张弓酒,同样是一款蕴含着丰富历史与文化底蕴的美酒,其源起可追溯到遥远的商代,随后在汉代迎来了它的鼎盛时期,至今依旧保持着它的盛行态势,经久不衰。张弓酒的酿造历史可谓源远流长,其背后的故事更是充满了传奇色彩,令人神往。

据传,在商代葛伯国(今宁陵县)的一个偏远村寨,有一位名叫张弓的勇士,他忠诚勇敢,因战乱主动前往边疆守卫。张弓的新婚妻子是一位贤惠的女子,因深切思念远征的丈夫,每逢用餐时都会在桌上留下一碗饭,以此表达对丈夫的眷恋。这些未曾动过的饭菜,她不忍丢弃,便存放在瓮中,日积月累,竟积攒了一大瓮。张弓在边疆抗敌胜利后，荣归故里，与妻子团聚。妻子向他倾诉了分别后的相思之苦，张弓看到瓮中的饭菜，被妻子的深情所感动，便尝试品尝。妻子便将这些饭菜重新蒸煮，顿时香气四溢，张弓尝后，只觉甘爽清冽，醇香可口。邻居们闻香而来，纷纷称赞这是难得的美味。至此人们就按照这种方法酿制出美酒来饮用，后来地方官吏将其作为珍稀贡品献给商王，商王大喜，赐名"张弓酒"，并赐该村为"张弓村"。

张弓酒的另一个传说故事是在西汉末年。当时王莽篡夺政权，改汉朝为新朝，意图灭绝汉室。高祖七世孙刘秀在逃亡中被王莽追杀，逃至张弓镇，藏身于镇北的"二柏担一孔"桥下。脱险后，刘秀在张弓镇沽酒庆祝，饮酒赋诗，表达了对张弓酒的赞美和对未来的壮志。刘秀称帝后，封张弓酒为宫廷御酒，其藏身的小桥被赐名为"卧龙桥"，而他在酒力泛胸时勒马回望的地方，则建起了"勒马镇"。张弓酒的名声因此更加响亮，流传至今。

据考古发现，从河南商丘市宁陵县丁固堆遗址出土的陶片和酒器表明，张弓酿酒的历史可追溯至4000年前的龙山文化时期。随着时代的变迁，张弓酒的酿造技术从最初的发酵酒逐渐演变为蒸馏酒。至清末和民国时期，张弓酿酒业虽有所衰落，但在新中国成立后，宁陵县人民政府在张弓镇建立了张弓酒厂，继续传承和发扬张弓酒的传统酿造工艺。如今，张弓酒以其独特的风味和悠久的历史，继续在酒坛上独树一帜，受到广大消费者的喜爱。

3. 豫酒文化的统一表达

当谈及"老家河南"这片热土，人们心中总会涌现出它作为华夏文明摇篮的崇高记忆。在这片黄河流域的古老土地上，衍生出中华文明的根脉，厚重的中华文明在这里生根发芽，开枝散叶。在这片神奇的土地上，华夏文明中各类璀璨的文化都可以在此找到溯源，也包括中国酒文化。在这片土地上，仪狄造酒的传奇故事、杜康酿酒的佳话，以及贾湖遗址中出土的带有酒残留物的瓷片，还有仰韶遗址中琳琅满目的酒器，都是中国酒文化深厚底蕴的鲜活例证，它们共同勾勒出了河南酒文化的辉煌画卷。中国酒文化的发展历程，与中国政治文化的演进紧密相连，自古得中原者得天下，中国酒文化的故事在很长的历史时期内就是河南酒文化的故事。早在夏商周时期，酒文化就在河南起源，并在漫长的历史长河中逐渐发展壮大。上篇提到一些具有悠久历史的豫酒品牌，如杜康、宝丰、赊店、张弓等，其深厚的文化底蕴和精湛的酿酒技艺，均可追溯到夏商时期。随着历史的演变，作为中国政治经济文化的中心的中原地区，为酒的发展带来了前所未有的机遇。在唐宋元时期，豫酒迎来了其历史上的繁荣时期，许多文人墨客纷纷为之倾倒，为其留下了许多脍炙人口的诗篇。这些作品不仅丰富了中华文化的宝库，更让豫酒的美名远扬四海。如今，豫酒依然保持着其独特的魅力和风采，继续在中国酒文化中占据着举足轻重的地位。

由此可见，豫酒文化就是中原文化的一部分或者具体文化表征。要把豫酒文化讲好，就需要对中原文化做系统性梳理和匹配。中原文化，其深厚的根源性特质使其超越了普通区域文化的范畴，独树一帜地成了中华民族传统文化的璀璨代表，中原文明就是中华文明之根。荷兰卓越的跨文化研究专家吉尔特·霍夫斯泰德（Geert Hofstede）在他的理论中深入剖析了跨文化交际的文化维度，他认为任何文化间的差异均可通过五个维度（权力距离、不确定性的规避、个人主义/集体主义、男性化与女性化、长期取向与短期取向）来全面解读。当我们依照他的视角来审视中原文化时，其家天下的权力观、严格的道德纪律、强烈的集体合作性、深厚的仁爱心和长期导向的价值观显得尤为独特。中华民族在长期的生活实践中，以农业为基础，形成了源远流长的农耕文明。从中华文明的历史脉络来看，它起源于相对封闭的黄河流域，并以此为基础逐步向外扩展。在严格的地理地域限制下，中华文明逐渐演变成为自给自足的小农经济社会，这样的社会形态使得人们形成了"日出而作，日落而息"的"中庸"生活方式，更加强调家国情怀，对故土拥有深深眷恋。因此，千百年来，传统儒家文化始终在中国社会中占据主导地位，其核心理念"中庸""守常""平衡""对称"深入人心。这种文化特质不仅体现在中国人日常安静的居家生活中，也体现在他们酿酒、饮酒的生活习惯上，共同孕育出中国人宁静致远、内敛深沉的品性。因此，要把豫酒文化和中原文化的内核统一起来，绝非简单地将各种文化元素进行堆砌，而是要在尊重传统的基础上，提炼其精髓，形成独特而统一的文化符号。豫酒文化作为中原文化的重要组成部分，要把中原文化的核心思想，承载着的深厚历史底蕴和人文情怀表达出来、展示出来。

中原文化内核就是一个"中"字，由"中原"之"中"而产生的哲学观念、道德观念、美学观念也成为中华文明的内核。中华文明的内在机制，就是"中"的历史演进与逻辑展开，从实在的"中"上升为概念的"中"，又从概念的"中"落下为实在的"中"，是一个持续的过程。这也是中华民族独立于世，5000多年文脉不断、生生不息的根本所在。在出土的殷墟甲骨文中，我们发现商代的人已经具备了东、西、南、北、中的观念。商人将四邻国家称为"方"——也就是四方。周初青铜器何尊铭文记载了这件事："余其宅兹中国，自兹乂民。"这代表了人的时空意识，人对自己与宇宙、与鬼神、与万物、与自身、与他人、与异域、与他族关系的界定与定位。[①] 在这个意义上，"中"是人自立于天地、自立于世之始，是文明的开端。由"中"开始演化为中原特有的哲学、审美和社会文化。"中"由空间观念而演变为文化观念，上升为"中道"，表现在哲学、道德与文化层面，即"中庸""中正""中和"与"中通"。由中，而产生出中庸的哲学观、中正的道德观、中和的文化观、中通的变革观。[②]

"中"字的内涵十分丰富，它不仅仅是一个简单的汉字，更是一种文化和价值观的体现。"中"字所延伸出来的"中庸、中正、中和、中通"，发展出"厚重、包容、和谐、仁爱"的文化理念。因居中而望四方，便形成了厚重的品质和人格，这是对人生和世界的深刻理解和感悟。包容是对多样性和差异性的尊重。和谐是指人与自然、人与社会、人与人之间的和谐相处，是社会稳定和发展的基础。在中原传统文化中，认为只有和谐才能带来稳定，只有和谐才能带来繁荣。仁爱就是保持内心的纯良和正义，不偏不倚，是一种生活的态度，也是一种人生的智慧。由这些文化理念升华到中原文化的民族精神和操作层面，即"天人合一的思想、仁爱礼义的品行、中庸之道的处世和诚信为本的做人准则"的层面。由"中"字的核心层面，演化为民族精

---

① 何志虎．"中国"称谓的起源［J］．人文杂志，2002，（05）：110-115.
② 叶平．"中原"之"中"的历史演进与逻辑展开［J］．黄河科技学院学报，2024，26（06）：33-37.

神、文化理念和指导思想，一步步延展和发育，形成了我们灿烂辉煌的中原文化，如图 1-2 所示：

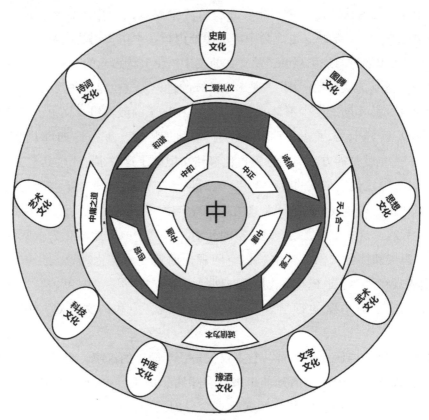

图 1-2　中原文化内涵和外延的同心圆

　　在豫酒文化进行统一表达的过程中，我们需要把豫酒文化的核心价值和中原文化的核心思想结合起来。这包括在豫酒的酿造工艺、品质追求、文化内涵等方面充分体现中原文化"天人合一、仁爱礼义、中庸之道和诚信为本"的核心思想。豫酒的酿造工艺源远流长，历经千年传承。其选用天然优良的原料及水源，采用传统的自然发酵法，让酒曲与粮食在适宜的温度和湿度下自然交融，实现"天人合一"的境界，保证了酒的品质和口感。同时，豫酒在酿酒技法上遵循"中庸之道"，不仅体现在对原料的精心挑选上，更贯穿于每一个酿造的细节之中。"调和之道"则是将各种元素巧妙融合，使酒体达到一种和谐的平衡。在调和的过程中，豫酒追求的是一种和谐的平衡，让各种风味在酒体中相互衬托、相得益彰。比如：仰韶酒业在传承传统技艺的同时，在制曲过程中同时融入了大曲（高温曲、中高温曲）、小曲、强化麸曲等多种曲，形成了"九粮酿造，多曲并用，多香融合"的品质表达，酿造出了"平衡、协调、圆润"的陶融香型白酒。而"仁爱礼仪"的精神也反映在豫酒文化的各个方面：在豫酒的酿造过程中，每一个步骤都严格遵循着传统的工艺，这既彰显了中原农耕文明对粮食的尊重，更是对饮者的仁爱。在日常社交中，豫酒文化独特且富有内涵，既有规矩和礼仪，又有情感交流和友好互动，衍生出很多成文不成文的规矩，代代相传，比如"开场三杯酒""头三尾四"的鱼头、"敬两杯碰一杯""自己多喝客人少倒"等。"诚信为本"的思想更是豫酒文化的重要标签，中原这片厚土自古民风淳朴，以信待人。从夏、商、周到汉、唐、宋，这漫长的历史长河中，诚信不仅是政治家们的治国之道，也是商贾们的经营之本，更是普通百姓的日常行为准则。在当代的豫酒的酿造过程中，"诚信"二字始终贯穿于企业酿造的始终，每一步都严格遵循传统工艺，从选材到酿造，再到陈酿，每一个环节都力求精益求精。这些中原文化的核心内涵都深刻融入豫酒文化的各个层面，我们有责任和义务把其开发出来，让其发扬光大。

要让所有的消费者感受到豫酒不仅仅是一种饮品，更是中原厚重文化的传承。在豫酒的品鉴中，人们可以感受到中原大地的厚重与深沉，可以领略到豫酒文化的博大精深，可以提升文化获得感和价值体验感，可以实现对美好生活的向往。这种效果的实现，不仅要求在豫酒的品质上要更加精益求精，更需要在豫酒文化宣传上下大力气进行开发和整合。值得注意的是，文化资源是一个动态变化的过程，它的价值和意义往往随着时代的演进而不断变化。因此，在豫酒文化统一表达的过程中，必须紧跟时代的步伐，结合社会发展的规律，选择那些既符合当下社会发展进程，又能促进文化繁荣的先进文化形式，实现豫酒的统一表达和分众化表达：统一表达强调的是豫酒品牌作为中原文化代表的整体形象与核心理念，而分众化表达则侧重于针对不同豫酒品牌的个性化特征进行精准的分众化、特色化的表达。

所谓"统一表达"，就是要求豫酒品牌在海内外市场中塑造出一个清晰、独特的形象。这不仅包括酒品的口感、品质、包装等外在表现，更重要的是传递出豫酒背后所承载的深厚文化底蕴和历史传承。其显性的做法有通过设计统一的品牌标识、宣传口号和视觉风格，让豫酒能够在消费者心中留下深刻的印象，并建立起品牌的认知度和美誉度。这种统一表达的方式，有助于提升豫酒的整体市场竞争力，使其在激烈的酒类市场中脱颖而出。然而，统一表达并不意味着一刀切，而是要在保持核心价值理念的基础上，再进行分众化表达。

所谓"分众化表达"，就是要系统性梳理豫酒不同品牌的文化特征和内涵，进行差异化表达，让它们各自独特的魅力得以展现。比如：仰韶酒与贾湖酒，这两款佳酿背后皆承载着数千年的璀璨人类历史与酿酒传统。在宣传时，我们不仅要凸显两者都具备源远流长的"历史底蕴"，更应强调其各自是如何秉持"古为今用"的精神酿制出独具特色的酒产品的。两者各自的历史渊源与独特的人文特色，无疑是展现其独特魅力的关键因素。同样，杜康酒与宝丰酒，这两款名酒均以其有着文字记载的"酿酒起源"为独特标识。在推广过程中，如果两者都着重强调其"酒祖精神"和"古法传承"，势必让消费者产生文化识别混乱，毕竟一般消费者无法辨别"仪狄造酒"和"杜康造酒"的区别在哪里，又如何通过酒的不同来呈现。因此，差异化表达应该是让每一个豫酒品牌都展现出自己独特的魅力，形成各自独特的品牌形象和文化特色，不至于出现重复表达、同质表达的情况。这不仅有助于提升豫酒品牌的知名度和美誉度，也有助于推动豫酒文化的传承和发展。

在此基础上，每个细分的豫酒产品的推广中，可以基于自身酒文化特征，以某种理念为牵引，根据消费者的年龄、性别、地域、文化背景等因素，设计出独具特色的产品线和品牌线进行细分和定位。比如：仰韶酒业深谙中华文化之精髓，不仅在品牌命名上巧妙融入经典古籍的智慧，更在产品研发、市场营销等方面持续传承与创新，成功借助了《孟子·公孙丑下》中的表述"天时、地利、人和"，设定了三类不同品牌的仰韶酒，产品线和分类按照"人、地、天"循序渐进，因此，这三款酒的定位和价格也就是"天时"高于"地利"高于"人和"。而赊店酒业的产品线是依据中国的历史朝代来设计的，这种设计理念将产品系列分为元、明、清三个时期，既可以形成不同档次梯度，也可以展现中国悠久的历史文化。并且，赊店酒业把青花瓷作为赊店酒的品牌象征和盛酒容器。精美的青花瓷器不仅代表了中华陶瓷艺术的巅峰，也彰显了赊店酒的高端品牌形象。然而，青花瓷并非河南本土的传统文化产品，河南本地出产陶瓷是以钧瓷和汝瓷为名。青花瓷系列在对外宣传时没有地域专属性，豫酒能用，汾酒也可以用，其他酒也可以用。因此，在中原文化的传播上，赊店酒相较于其他更具地方特色的酒品牌，可能会略显劣势。综上所述，通过精细的分众化表达，豫酒可以更加精准地呈现自己独有的特色和内涵，让产品更具辨识度，更好地满足消费者需求，从而提升品牌的市场占有率和消费者对品牌的黏性。各具特色的分众化表达也有助于豫酒避免同质化和重叠宣传，可在市场中形成多元化的品牌形象，增强豫酒品牌整体的竞争力和适应性。

总之，豫酒的统一表达和分众化表达是相辅相成的两个策略。统一表达能够塑造出品牌的整体形象和核心价值，提升品牌的市场竞争力，其表达更应聚焦在软实力上，在具象表达方面应呈现符号化或 IP 化的特征；而分众化表达则能够满足不同豫酒品牌的定位和内涵，可以针对不同消费群体进行差异化营销，满足消费者的个性化需求，提升品牌的市场占有率和消费者忠诚度，在表达方面应更注重产品线的设计、实体的包装和文宣创作等。因此，在未来的豫酒推广中，需要注重这两个策略的结合与综合运用，才能推动豫酒品牌的持续发展和壮大。

第三节　豫酒文化的创新发展

随着社会的蓬勃发展以及消费者对酒类产品消费需求的日益提高，豫酒文化也在持续的创新与进化中探寻着崭新的突破口。近年来，豫酒产业迎来了一系列富有成效的创新实践，极大地推动了其发展。众多豫酒品牌敏锐地捕捉到市场的变化，纷纷通过精心策划和研发，不断扩展产品线，推出了更加个性化、定制化的产品，以满足不同消费者的独特口味和需求。这种精准的市场定位和产品创新，让豫酒在市场上赢得了广泛的认可和喜爱。与此同时，很多豫酒企业也在积极寻求科技创新，不断引进先进的酿酒设备和工艺，以提升产品的品质和生产效率。传统的酿造工艺加上科技创新不仅使豫酒在品质上有所提升，也为豫酒产业后续的可持续发展奠定了坚实的基础。近年来，互联网营销和电商渠道的崛起也为豫酒文化的传播和推广带来了前所未有的机遇。通过线上平台或直播带货，豫酒品牌可以更加便捷地触达消费者，扩大品牌影响力，同时也为消费者提供了更加便捷、高效的购物体验。这种线上线下的融合，也使得豫酒文化在一定层面得到了传承和弘扬。

尽管相比以前，豫酒产业及豫酒文化均取得了较好的发展，也形成了良性的态势，各豫酒企业也都充分认识到豫酒文化创新是推动豫酒振兴的抓手和强大推动力。但在现有态势下，各品牌豫酒在文化外宣上仍然处于分散作战的状态，没有形成合力。因此，非常有必要对现有的豫酒文化表达和中原文化的内核进行重新设计，不仅要对豫酒文化的表达方式和内容进行创新，更要深入挖掘中原文化的内核，凝练其表达方式，并使之体系化。将形式上的创新表达和内涵上的统一化、体系化两者有机结合，就能形成一套独具特色的豫酒表达体系。这样的表达体系，既能够展示豫酒文化的深厚底蕴，又能够凸显中原文化的独特魅力，更为重要的是，它便于传播和推广，可以让更多的人因了解和喜爱中原传统文化而喜欢豫酒品牌。

要做到这一点，就要从豫酒文化背后的中原文化历史发展的渊源入手，梳理中原文化发展的脉络。通过讲述豫酒与中原历史、地理、人文等方面的联系，展现豫酒文化的独特魅力和价值。在此基础上，要注重豫酒文化的创新表达的顶层设计，以系统化的结构设计来展示整个河南豫酒文化。在明确各豫酒品牌文化的顶层设计理念之后，再在外宣方式和方法上进行创新，比如采用精心设计的多模态话语表达方式来讲好豫酒文化故事，增加豫酒文化的感染力和魅力。这种多模态的表达方式，从微观上，可以体现在豫酒品牌宣传片、广告片、形象片的内容设计上，或者是豫酒产品精美的内外包装设计上。从宏观层面上来讲，拍摄豫酒系列专题片、举办豫酒文化节、推广豫酒文化旅游等方式，都可以让豫酒文化更好地融入现代生活，让更多的消费者了解豫酒文化，喜欢豫酒文化，进而提升产品品牌优势和市场占有率。在这个过程中，应不断加大豫酒文化符号的设计和打造，将豫酒文化与时尚、艺术、影视等领域相结合，不断推出具有创新性的豫酒文化周边产品，形成豫酒文化故事传播的完整产业链条，满足消费者的多元化文化需求。而要把豫酒文化故事讲好，无论是哪种表达模式，都要顺应现代化、时代化的传播方式，并且要高度重视"话语"传播时人际意义的构建，也就是要以人民群众喜闻乐见的方式进行传播和推广。更为重要的一点是，在豫酒文化传播范围方面，"不谋全局者，不足谋一域"，豫酒文化传播还要加强国际外宣，有时候会产生"墙外开花墙内香"的效果，让豫酒文化伴随中国软实力和中国国际传播能力的增强走向世界。豫酒企业可以通过加强与其他国家和地区的文化交流与合作，提高豫酒文化的国际知名度和美誉度，积极推动豫酒文化走向世界舞台，这样可能会更加有助于提升豫酒在国内的知名度和口碑。

谈到讲好豫酒故事本身，就其所蕴含文化资源的丰富程度而言，中原地区得天独厚，绝对称得上是一座富矿。"老家河南"承载着数千年文明，孕育了诸多璀璨的文化，如二里头遗址、贾湖遗址、仰韶遗址等，它们都见证着华夏文明的深厚底蕴。在这片土地上，有近200处全国重点文物保护单位和数以万计的各类文物点交相辉映，数座历史文化名城，如洛阳、开封、安阳等熠熠生辉，它们共同绘制出河南丰富多彩的文化画卷。河南的起源文化、文字文化、中医文化、宗教文化、姓氏文化、武术文化以及戏曲文化，都是这片土地上独具魅力的文化资源，这些为豫酒品牌的宣传和设计提供了丰富的文化载体。此外，豫酒在中原历史的洪流中孕育成长，其独特的历史渊源、诗词文学、酒辞酒令、酒俗酒礼，更是豫酒品牌的灵魂所在，这些宝贵的资源亟待我们深入开发和充分利用。

将中原灿烂的文化巧妙地注入豫酒品牌，不仅契合了豫酒产品的地域特性，更能引发河南本土消费者的情感共鸣，助力豫酒品牌在市场中脱颖而出，赢得更多消费者的青睐。在这方面，仰韶酒已经为我们树立了较为成功的典范，其独特的文化内涵发掘和创新使仰韶酒目前在河南市场拥有较高的知名度，在河南域外市场也得到了广泛的认可。因此，我们有理由相信，不同的豫酒企业只要能深耕各自酒文化的内涵，通过文化赋能和文化加持，就能让这些本身具有鲜明中原文化特色的豫酒品牌重获新生，从而在全省乃至全国范围内获得广泛的接纳和赞誉。同时，豫酒品牌所承载的河南文化元素，也将成为宣传河南、

推广河南文化的重要载体，让河南的文化魅力得以更好地展现和传播，让更多的人感受到河南文化的独特魅力。

根据河南省政府提出的"豫酒振兴"目标，其着力点是要打造全国性的知名豫酒品牌，为豫酒赋予"文化白酒"的标签，增强每一个豫酒品牌的文化价值，带领提升豫酒行业的整体竞争力。因此，每一家豫酒企业都应该明确自身的品牌定位，无论是有独到的"古法酿造"工艺，还是有代表性的"文化符号"，都应围绕特定的文化内涵去着力打造强大的品牌传播力。在实体设计上，通过合理设计特色化的产品线系列来实现联合发力；在营销和传播上，积极采用多模态话语表达方式，充分利用现代新媒体传播方式来讲好"豫酒"故事，打造既丰富多元又有机统一的豫酒品牌形象。

据河南酒业协会发布的《2023年河南酒类行业市场发展报告》，2023年，河南地产酒企发展显著，呈现出以仰韶酒业领头，洛阳杜康、宝丰酒业紧跟，赊店老酒、皇沟酒业、五谷春酒业等全面增长势头，俨然已形成金字塔梯队格局。报告指出，"第一梯队：仰韶连续多年一家独大，连续三年年销售30亿元以上，遥遥领先。在河南本土初步具备与剑南春、洋河、习酒竞争的实力。第二梯队：杜康、宝丰销售额2023年大涨20%以上，分别突破20亿元关口和10亿元关口。其中洛阳杜康控股更是增长60.04%，销售额突破24.08亿元，领涨整个河南白酒流通行业。第三梯队：赊店、皇沟御酒、五谷春、宋河连续多年在6亿元到10亿元销售范围内徘徊，位列豫酒发展第三梯队。第四梯队：豫坡酒业、蔡洪坊酒业、鸡公山酒业、朗陵罐酒、张弓老酒、寿酒集团、贾湖酒业销售都在1亿元以上，增长潜力明显"。

鉴于豫酒品牌较多，笔者以其中12种具有一定文化传承、在河南本土畅销的豫酒品牌为代表来分析。按照它们的销售额排序，依次为：仰韶酒、杜康酒、宝丰酒、赊店酒、皇沟御酒、五谷春酒、宋河酒、豫坡酒、鸡公山酒、张弓酒、寿酒、贾湖酒。笔者将以这12种豫酒品牌为代表，结合前文所阐释的中原文化内涵和外延，尝试对我省不同酒企的文化内涵进行整合，探索一条关于豫酒文化的统一表达和分众化表达的思路，并以此来匹配豫酒不同品牌的文化特色，并在此基础上为各自豫酒品牌的产品线细分提出个人的思考和建议，如表1-1所示：

表1-1　豫酒品牌的统一表达和分众化表达

内核	理念	精神	思想	文化	酒文化品牌
中	中正	厚重	天人合一	根亲文化	仰韶酒、贾湖酒
	中和	包容	中庸之道	起源文化	杜康酒、宝丰酒、五谷春酒
	中庸	和谐	诚信为本	诚信文化	赊店酒、张弓酒、豫坡酒
	中通	仁爱	仁爱礼仪	和合文化	宋河酒、皇沟御酒、寿酒、鸡公山酒

中原文化的核心和灵魂，就是"中"，其应该作为河南豫酒品牌的核心符号表达。河南省国际传播中心的logo设计就是以"中"字作为设计主体，辅以字母组合的方式，设计新颖独特，让人耳目一新、印象深刻，更为重要的是，它能充分代表河南的外在形象和内在底蕴。其logo设计巧妙结合了"鼎"的轮廓和"中"字的结构，参考了"最早的中国"二里头遗址出土的绿松石龙的色彩设计。整个设计既体现了河南深厚的文化底蕴，又展现了现代设计的创新；既融入了中华文明主根脉的文化内涵，又富有鼎立中原的意象，如图1-3所示。

河南国际传播中心
HENAN INTERNATIONAL
COMMUNICATION CENTER

图1-3　河南国际传播中心标识

这种设计理念，给笔者极大启发，笔者认为可以仿照河南国际传播中心的这种设计思路，采用艺术手法的设计，以"中"字符号或艺术化设计作为河南整体酒文化的代表，体现"中正、中和、中庸和中通"的理念，反映河南人自古民风淳朴，以"厚重、包容、和谐和仁爱"养成华夏民族千年的精神面貌，在这片古老神奇的土地上，传播并弘扬着"天人合一、中庸之道、诚信文本和仁爱礼仪"的灿烂思想和文化，这既是构成中国人的内在文化基因，也是构成华夏民族概念的核心要素，极具传播价值和传播效能，毕竟每个中国人，无论身在何方，只要他看到、听到或感受到这些文化要素，就一定会被感染和激活，产生认同心理。因此，所有豫酒文化都可以说是以"中"为核心演化出来的四种理念、四种精神和四种思想的具体再现和表征。如果进行适当概括的话，河南省的主要豫酒品牌，以笔者较为粗浅的认知，大概可以分为四种亚文化类型：① 以仰韶酒、贾湖酒为代表的河南根亲文化；② 以杜康酒、宝丰酒和五谷春酒为代表的起源文化；③ 以赊店酒、张弓酒、豫坡酒为代表的诚信文化；④ 以宋河酒、皇沟酒、寿酒、鸡公山酒为代表的和合文化。下面分别对四种亚文化类型进行阐释：

1. 根亲文化

首先来看根亲文化，中原文化最根本性的特征就是始祖性文化。中原文化为华夏文明之根，这一特性主要表现在：黄河是华夏文明的母亲河，以龙文化为代表的华夏文明起源于中原，"三皇五帝"兴于中原，万姓之根始于中原，古代帝都定于中原，农耕文化、商业文化、汉字文化和儒道法等华夏文明要素都源于中原大地。①

仰韶文化和贾湖文化都有"寻根溯源"的特性，都代表了史前文明，都凝聚着华夏先民的智慧和审美。正如中国社会科学院学部委员、中国考古学会理事长王巍所说："仰韶文化为中华文化和文明提供了很多文化基因，是中华文化的主根、主脉。"可以毫不夸张地说，仰韶文化应该是华夏文化的根和魂，也是中原"根亲文化"最深邃的源头。仰韶文化中精美的彩陶、独特的石器、独特的葬俗，都反映出古代华夏先民的智慧与创造力。这些文化元素，经过岁月的沉淀，逐渐融入了我们民族的基因，成为我们共同的记忆和骄傲。仰韶文化的遗迹遍布大地，从河南的渑池、郑州，到陕西的华县、临潼，每一处都承载着仰韶文化的厚重历史。中原地区作为仰韶文化的重要载体，承载着所有中国人的寻根之梦。

---

① 康国章. 论中原文化内涵研究的体系性 [J]. 河南师范大学学报（哲学社会科学版），2013，40（01）：88-91.

而贾湖文化是中华民族历史长河中第一个具有确定时期记载的文化遗存，贾湖遗址历经9次发掘，出土文物6000多件，是世界上最早的稻作农业起源地之一、世界上最早的鱼类人工养殖起源地、世界上最早的人工栽培大豆起源地等。贾湖遗址中出土了迄今我国发现年代最久远、音乐性能最好的管乐器，也是世界上同时期遗存中最完整、音乐性能最好的音乐实物：贾湖骨笛。它由鹤尺骨制成，多为七孔，长度大约在17.3~24.6厘米之间，是目前世界上最早的可吹奏七声音阶管乐器，也是贾湖遗址最为杰出的代表，如图1-4所示。

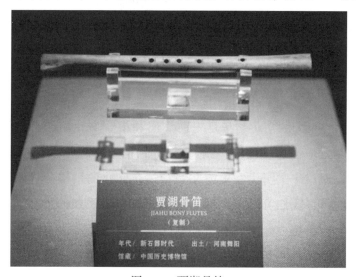

图1-4　贾湖骨笛

仰韶文化和贾湖文化都代表了中国新石器时代的重要文化类型，它们不仅揭示了古代先民的智慧与创造力，更展现了中国古代社会物质文明与精神文化的蓬勃发展。这两种文化在时空交织中相互渗透，交相辉映，相互影响，共同构筑了华夏文明的基石。仰韶文化以其独特的彩陶艺术闻名于世，其陶器造型优美，色彩丰富，线条流畅，具有极高的艺术价值。这种文化的陶器不仅满足了古代先民的生活需求，更体现了他们对美的追求与创造。而贾湖文化则以其精巧的骨笛等乐器，展示了古代先民的音乐才华与审美追求。这些乐器不仅具有实用价值，更是古代音乐文化的重要载体，为后世留下了宝贵的文化遗产。

仰韶酒，可以视为源出于古老的仰韶文化，其深厚的文化底蕴赋予了它独特的风味和品质。贾湖酒，同样承载着千年的历史传承，它见证了中华民族从蛮荒走向文明的辉煌历程。将这两种酒文化与中华文明优秀的史前文明和根亲文化相结合，就像是将一颗颗璀璨的明珠串联起来，形成了一条熠熠生辉的文化项链。2002 年，河南学界正式提出了"根文化"概念，并提出了"中原历史文化的本质是根文化"的观点。河南省委原书记徐光春提出："中原地区是中华民族的血脉之根。"① 2012 年，《河南省"十二五"旅游产业发展规划》提出，要"整合中华始祖文化和姓氏祖根文化资源，打造'记忆中原、老家河南'品牌"。2011 年 9 月，国务院出台《关于支持河南省加快建设中原经济区的指导意见》指出："挖掘中华姓氏、文字沿革、功夫文化、轩辕故里等根亲祖地文化资源优势，提升具有中原特质的文化内涵，增强对海内外华人的凝聚力。"②

把仰韶酒、贾湖酒文化与华夏史前文明和根亲文化相结合，就能产生巨大的文化赋能效应。这种效应不仅将推动仰韶酒和贾湖酒的品牌价值提升，更将深化人们对中华文明优秀史前文明和根亲文化的理解和尊重。在这条文化项链的串联下，我们可以更加深入地了解到中华民族的根和魂。同时，这种文化赋能效应也将为仰韶酒和贾湖酒的发展注入新的活力。在市场竞争日益激烈的今天，品牌之间的竞争已经不仅仅是产品质量的竞争，更是文化价值的竞争。

2. 起源文化

中原文明是中华文明之根，中国传统文化的很多渊源都由此而来。中国酒文化的起源也在中原，就豫酒而言，应当不忘初心，在酿酒技艺方面追寻古法，追寻起源。追溯中原乃至中国酿酒的渊源，对传承和发扬酒文化至关重要，对酒文化的外宣和传播更为重要。快节奏的现代生活和科技的发展虽然使人们的生活愈发便捷，但也使人们远离了自然和轻松，都市生活中的快节奏和压迫感

---

① 徐光春. 一部河南史半部中国史 [M] 郑州：大象出版社，2009：11.
② 国务院. 国务院关于支持河南省加快建设中原经济区的指导意见. 2011-9-28. 国发〔2011〕32 号.

也促使人们多了一份返璞归真的纯粹追求和内生驱动力。现代人开始主动寻求与自然和谐相处的生活方式，开始追求简单、纯粹、古朴、自然的生活品质。在快节奏的当代社会里，"返璞归真"成为一种时尚追求和人生向往，于是也就产生了"刚需"。对酒类产品消费而言，在酿酒的古老传统与现代工艺交织的当下，人们对那些流传千年的酿酒技艺充满敬意和向往。如果消费一种酒时，该酒能够和传统工艺和酒文化起源结合在一起，该酒就有了产品附加价值，消费者就产生额外的获得感和满足感。总之，豫酒企业在酿酒技法和酿酒工艺上，应当不忘初心，追溯中华史上酿酒的渊源，传承和发扬酒文化。只有这样，才能真正实现酒文化的传承与创新，让这一古老的文化瑰宝在现代社会中焕发出新的光彩。

在中国古典文献记载中，我国的酿酒鼻祖是仪狄。《世本》曰："仪狄始作酒醪，变五味。"《战国策·魏策二》载："昔者，帝女令仪狄作酒而美，进之禹，禹饮而甘之，遂疏仪狄，绝旨酒，曰：'后世必有以酒亡其国者。'"这些古籍中都认为仪狄是夏禹时代的人。据传说，禹继舜位后建都阳翟（今河南省禹州市），宝丰地区在当时属夏版图，距离禹都不足百里。潘民中和严寄音在《宝丰酒乡溯源》一文中说，在上古时期，尧举舜摄行天子事，并以二女娥皇、女英妻舜。舜用大臣二十二人，唯禹之功为大，披九山，通九泽，定九州。舜践位二十二年，预荐禹于天，又十七年舜南巡狩，崩于苍梧（今湖南宁远县）。帝妃娥皇、女英从舜都蒲坂赴苍梧奔丧，路经汝海（古代称流经汝州的一段汝水谓汝海）之南，应邑之野（今宝丰县辖区），闻仪狄始作酒醪，味美，见之。令其做酒三瓮，以其一进于禹，贺其践天子位。由此可知，中国酿酒创始人仪狄就生长在宝丰这块古老的土地上，宝丰酒跟酿酒的祖师仪狄有不可分割的联系。实际上，自夏朝开始，宝丰一直就有酿酒的传统，数千年未曾断绝。在道光年间的《宝丰县志》里记载："明时曲商竞赴宝丰，远近传说宋官造遗法，程夫子监制更精。"即明代的时候贩运酒曲的商人就纷纷前往宝丰来买酒，而大儒程颢当时在汝州做酒监，所监制的酒更加精美。而在清末和民国年间，宝丰酿制的烧酒甚至可以和山西的汾酒分庭抗礼，至今宝丰酒厂清香型白酒的对标产品仍是以汾酒为代表。通过上述历史，可以发现宝丰酒作为中华文明酿酒起源之酒当之无愧。在今天宝丰酒厂的大院里，还树立着一座仪狄造酒的雕塑，如图 1-5 所示。

图 1-5　宝丰酒业的仪狄雕塑

关于酒的起源，还有一种说法是在《酒经》里记载的"仪狄作酒醪，杜康作秫酒"，如图 1-6 所示。此说法并未涉及时代先后，而是强调两者所酿之酒的不同种类。其中，"醪"乃糯米经过发酵工艺制成的醪糟，其性温软，味道甜美，多产于江浙地区。时至今日，许多家庭仍沿袭传统，自制醪糟。醪糟外观洁白细腻，其稠状形态可作主食，而其上层的清亮汁液则与酒颇为相似。至于"秫"，乃高粱之别称。杜康作秫酒，即指其酿酒原料为高粱。

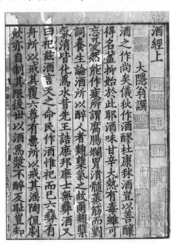

图 1-6　《酒经》片段

这样的话，可以视仪狄为米酒的开创者，而杜康则是高粱酒的奠基人。两者的起源明显不同。此外，杜康酒除了有酒祖杜康的加持，还有历代文人名士对杜康酒的褒誉，也是它足以撑得住"中华名酒"名号的资本。在曹操那篇气吞山河的《短歌行》中，他以一句"何以解忧，唯有杜康"，将读者带入了一个特定的感情世界，触发了无数人的共情。这句慷慨悲歌，不仅是曹操对人生忧愁的思考感慨，也是对杜康美酒的高度赞誉。自此，杜康酒便犹如一颗璀璨的明珠，在中国的文学界熠熠生辉，与中国的诗酒文化紧密相连，几乎成了中国酒的代名词。比如，唐代的白居易以"不似杜康神用速，十分一盏便开眉"与"杜康能散闷，萱草解忘忧"来表达对杜康酒的赞誉；而杜甫则以"杜酒偏劳劝，张梨不外求"来表达宾主尽欢之情。在宋金时期，陆游在诗中赞誉道"书中友王绩，堂上祠杜康"；大文豪苏轼则吟咏"从今东坡室，不立杜康祀"；元好问更是留下了"总道忘忧有杜康，酒逢欢处更难忘"的千古绝唱。清代诗人方文曾感慨"追念平生肠欲结，杜康何以解吾忧"。① 这些中国历代文人和诸侯将相对杜康酒的品鉴和咏赞无形中形成了杜康酒强大的软实力，使杜康酒在近代也发挥着无与伦比的作用。1972 年，中日两国恢复正常邦交，日本首相田中角荣访华，在周恩来总理举行的宴会上，非常了解中国文化的田中角荣对"天下美酒，唯有杜康"念念不忘，并对没有喝到杜康酒而感到遗憾。事后周恩来总理亲自批示"复兴杜康，为国争光"，洛阳杜康酒因此在杜康故里洛阳伊川、汝阳两地建厂，恢复了昔日的荣光。

除了宝丰酒和杜康酒，谈及与酒起源紧密相关的豫酒，也不得不提五谷春酒，这款酒源自历史悠久的信阳地区。和前面提到的仪狄造酒与酒仙杜康的酿酒传说不同，它有古酒的实物作为客观证据。在信阳博物馆的陈列厅中，有一件商代青铜器里竟封存着距今已有三千多年历史的"最古老的酒"之一，如图1-7 所示。这一难得存世的实物，不仅是中原悠久酒文化的客观证据，更是昭示天下"中原是酒的故乡，是酒文化的发源地"的科学论断的有力证据。除了这个客观的证据实物之外，在这里土地上，也有很多先贤品酒的故事和传奇。

---

① 中华网．酒祖杜康里隐藏着中华文化怎样的"玄机"？［EB/OL］．https：//henan．china．com/life/xf/2020/1210/2530132039．html．2020-12-10．

据说孔子就很爱喝酒，而且酒量惊人。当年孔子周游列国，曾在楚国游历三年，大概就是在现在的信阳地区。孔子曾言："唯酒无量，不及乱。"这句话看似简单，但深刻揭示了中国酒文化的核心要义，它教导我们饮酒需有度，不可过量以致失态。这正是中国酒德所追求的境界，也是我们传承和发扬酒文化的重要准则。明代文学家袁宏道尊崇孔子为"酒圣"，并在他所著的《觞政》一文中写道："今祀宣父曰酒圣，夫无量不及乱，觞之祖也，是为饮宗。"所以说何为酒德？唯酒无量！不乱、不醉、不伤身，饮酒有节，不为酒困，才是酒德的真谛，这才是中国酒文化的精华。

图 1-7　盛酒的商代青铜器

可见宝丰酒、杜康酒、五谷春酒，均和中华酒起源有着密不可分的联系，而备受历代文人雅士和酒客们的推崇，这种推崇不单单是对古法酿制的美酒的赞美和喜欢，对酿酒工艺的传承和发扬的肯定，更是中国古代文人墨客对人生、对世界的深刻感悟，也是中国酒、中原酒重要软实力的象征。西方有"酒神精神"，我们中国也有自己的"诗酒文化之魂"，它宛如一股清泉，悄然浸润于人们的心中，为国人的精神世界注入了无尽的生机与活力。这种精神，构成了古今中国人独特的文化气质，也是现在三家酒厂值得高度挖掘和发扬的宝贵文化遗产。

3. 诚信文化

《论语》中说："人而无信，不知其可也。大车无輗，小车无軏，其何以行之哉？"《中庸》里也讲："诚者，天之道也；诚之者，人之道也。"中国人很早就把"诚信"提升到哲学层面，并视为自然法则、人伦之理。在几千年的历史中，这种"思辨"与"劝诫"已经渗透到中国传统文化的各个枝蔓中，成为中国人日用而不觉的文化基因。"言必诚信，行必忠正"是作为中国人为人处世的基本原则，"诚实守信"是中华民族的传统美德之精髓。所谓诚实，即表现为忠诚老实，言行举止皆能保持一致，内心与外在相映照；所谓守信，则体现在言行信守，对于承诺之事，能够恪守诺言，言行一致。守信，实为诚实之一种外显。自古以来，中华民族始终尊崇并倡导诚信之道。党的二十大报告指出："中国式现代化是物质文明和精神文明相协调的现代化。"一个社会的诚信文化建设，直接反映了其精神文明建设的水平。面对当前世界百年未有之大变局，面对以中国式现代化实现中华民族伟大复兴的使命任务，面对构建高水平社会主义市场经济体制的新要求，我们迫切需要进一步夯实社会诚信基石，推进新时代的诚信文化建设。在这样的时代背景下，重拾中原文化信仰中的"诚信文化"是豫酒文化赋能的又一个重要抓手。

和诚信相关的豫酒文化，首推赊店酒文化。赊店老酒，这颗璀璨的酿酒明珠，产生于河南省南阳市社旗县的赊店镇。这里的地理位置得天独厚，北面巍峨耸立的伏牛山如一道天然屏障，守护着这片酿酒圣地。而其余三面，则被潘河与赵河这两条宛如银带般的水路环绕，水波荡漾，为酿酒提供了源源不断的纯净水源。更为难得的是，这片土地位于中原腹地，粮食资源充裕，五谷丰登，为酿酒业的发展提供了坚实的物质基础。如此得天独厚的自然条件，使得赊店老酒能够汲取大自然的精华，酿制出品质卓越的美酒。赊店酒的诞生背后，隐藏着一段波澜壮阔的传奇。据传，西汉末年，王莽篡权，汉室血脉刘秀毅然举起了反抗的大旗要复兴汉室。在小长安之战中，由于兵力悬殊，刘秀不幸败北，他只得仓皇逃离至神泉镇，召集旧部将士，于镇上的刘记酒馆内共商国家大计。为了凝聚士气，他将刘记酒馆的幌子作为帅旗，赊欠酒水以表决心。后来，刘秀成功登上皇位，定都于洛阳。为纪念那段艰苦岁月，他特赐刘记酒馆为"赊旗店"，所售之酒，冠名为"赊店老酒"。神泉镇也因其深厚的文化底蕴和这段传奇历史，改名为赊店镇。而赊店老酒，更是凭借其独特的酿造工艺和卓越的品质，成为东汉王宫的宫廷御酒，流传千古。虽然是传说，这故事里面蕴含的诚信的因素却是千真万确的。刘秀蒙难后被迫赊酒、赊旗来进行背水一战，但在功成名就之后知恩图报就是一个诚信的故事，赊店镇上至今还有"佳话千秋赊旗赊酒不赊义，真情万种食蔬食鱼不食言"的对联。除了历史传说和典故，真正让赊店酒成名的还是它的商业诚信。赊店地理位置优越，拥有水陆码头，自古就总集百货商贾往来，这里有著名的山陕会馆，里面尚存3块清代专题诚信经商规则的碑文，对规范度量衡有严格规定，至今碑文清晰依然："是以，合行商贾，会同集头等，齐集关帝庙，公议：秤足十六两，戥依天平为则，庶乎校准均匀，公平无私，俱各遵依。"这是全国商业诚信规则所存最早、最为完整全面的商业道德规则碑记，为我国诚信文化、商业流通及管理等诸多研究提供了弥足珍贵的佐证。赊店酒就是建立在这样诚信文化的基础上。明清时期，包括永隆统、永禄美、工泉美在内的10家较大的赊店酒馆率先牵头成立"酒仙社"，兴建窖池群，历经百年岁月生生不息，酿就了赊店老酒的醇厚酒体。

与赊店酒相类似的诚信文化属性，还有张弓酒、五谷春酒、豫坡酒等河南名酒。他们都可以在诚信文化这个大IP下，结合自己的酒文化传承，做好文化外宣，实现诚信文化对产品的赋能。比如说张弓酒，它其实就来自一个妻子信守诺言守候丈夫的故事，妻子的坚守让多年未归的丈夫品尝到了发酵食物产出的美酒，可谓"苦尽甘来"，张弓酒的故事就是一份夫妻间相守相依、不离不弃、信守承诺的故事。它的文化内涵同样可以代表河南酒业的诚信与品质。巧合的是，和赊店酒一样，张弓酒也流传着刘秀当年的传说。据说，西汉末年，光武帝刘秀逃难到张弓镇，饮了此酒，顿觉心旷神怡，精神焕发，挥笔赋诗曰："香远兮随风，酒仙兮镇中，佳酿兮解忧，壮志兮填胸。"刘秀离开张弓镇，策马行至三十里处，与前行官兵相会于落虎桥。刘秀见众人安然无恙，心里高兴，随口赋诗曰："勒马回头望张弓，喜谢酒仙饯吾行，如梦翔云三十里，浓香酒味阵阵冲。"至今，"刘秀勒马回头望张弓"的故事，还在豫东地区广泛流传着。

和诚信联系起来的，还有豫坡酒。该酒之所以能够蓬勃发展与不断壮大，离不开其坚定的诚信经营理念。翻阅《西平县志》，我们不难发现"老王坡"这一地带土地肥沃，盛产小麦、玉米、高粱等优质酿酒原料，且当地的水清澈透明，甘甜可口，水质上乘，为酿酒业的发展提供了得天独厚的自然条件。在 1958 年那个充满变革的年代，豫坡酒传统酿造技艺的市级代表性传承人张麦穗，凭借其祖传的酿酒技艺与对品质的执着追求，毅然决定以西平县老王坡农场为合作伙伴，共同创建了西平县老王坡农场酒厂，这便是如今河南豫坡酒业有限责任公司的前身。自张麦穗那一代起，这份对酿酒技艺的热爱与传承，已经历了六代人的不懈努力与坚守，这也是一个关于诚信经营的优秀范例。

4. 和合文化

道家创始人老子提出"万物负阴而抱阳，冲气以为和"的思想，认为"道"蕴含着阴阳两个相反方面，万物都包含着阴阳，阴阳相互作用而构成"和"。"和"是宇宙万物的本质以及天地万物生存的基础。《周易》提出大和观念，讲"保合大和，乃利贞"，重视合与和的价值，并认为保持完满的和谐，万物就能顺利发展。"和合"文化的精神内涵就是：第一，将自然界理解成为一个阴阳和合的统一体。第二，强调社会的人际关系要"和合"，并将此作为社会发展的根本性目标。第三，强调人要与自然界保持统一，也要保持人自身的身心统一。

在豫酒文化中，和道家紧密相关的一个酒文化就是宋河酒文化。老子作为中国道教鼻祖，对中国传统文化影响深远。他的故里——河南鹿邑县，位于河南省东部，属淮河流域，为淮河冲积平原，由淮河的支流——涡河横贯全境。该县历史悠久，古代文化遗存丰富。宋河酒就产自老子故里，这里有着悠久的酿酒历史，在距今约 3600 年的鹿邑"长子口"墓中，就有酒器 48 件，包括盛酒器、温酒器和饮酒器，计有尊、斛、角、觥、壶和斗等共 11 种，经专家鉴定，是公元前 16 世纪商朝的文物，由此可见，宋河酒历史悠久。从地域文化特色上，宋河酒产自历史先哲、道家鼻祖老子的故里，特别的地域环境、淳朴的民风、精湛的酿造工艺，使千年古佳酿宋河酒具有"窖香浓郁，绵甜爽口，回味悠长"的品位特色,其"香得庄重、绵得大方、净得脱俗"的酒体风格,正是应和老子思想中的顺应自然、返璞归真的哲理思想,这是老子思想与宋河酒文化结缘的基础。

而另一家豫酒皇沟御酒,来自商丘永城,据传说和一帝一后有关,一是汉高祖。永城是汉文化的发祥地,汉高祖刘邦在永城芒砀山斩蛇起义,缔造了西汉王朝。据传说,永城西郊有一沟,沟中有清泉味极甘美,取之酿酒,香味俱佳,汉高祖刘邦曾在此地豪饮佳酿,心旷神怡,赐此产酒之沟为皇沟。二是张皇后。在明朝仁宗时,永城出了个张姓皇后,取家乡美酒,以供皇家御用,遂赐名为"皇沟御酒"。从传说来看,这皇沟御酒的"皇"和"御"分别来自一位皇帝和一位皇后,也有"和合"之意。

寿酒,这款美酒产自风光旖旎的新乡,那里地理环境得天独厚,太行山的精华和两河的灵气在那里汇聚,为寿酒的酿造提供了绝佳的条件。南太行山以其大开大合的独特地理风貌,为寿酒提供了独特的地理优势;甘洌纯净的太行山泉水,与"天下粮仓"的五谷精华相互交融,进一步提升了寿酒的品质,使其成为美酒中的佳品。寿文化是"百泉寿酒"的灵魂所在,这款美酒在南太行山诞生,于百泉湖中成长,又在洪洲城中滋养,最后在方山洞中珍藏。寿酒道法自然的天然酿造属性和健康养生的功能和老子提倡的"和合"文化一脉相承,不仅赋予了百泉寿酒独特的天然生态优势,更使其拥有了独一无二的康养文化基因。这种独特的文化底蕴和独特的地理环境,使得百泉寿酒可以成为"和合"文化的典型代表。

鸡公山酒产自信阳地区,它作为历届信阳茶文化节专用接待用酒,最早和茶结缘,更能凸显"和合"文化魅力。俗话说"茶酒不分家",茶与酒,自古便是中国传统文化中不可或缺的两大元素。鸡公山酒与信阳茶文化节的完美结合,更是将这两者之间的默契与和谐展现得淋漓尽致。茶,清淡而雅致;酒,浓烈而热烈,二者看似迥异,实则有着千丝万缕的联系。在信阳茶文化节期间,宾客们品茗着来自大别山的优质茶叶,享受着茶香四溢的美好时光。而在品茶之余,再饮用一杯鸡公山酒更是让人回味无穷。鸡公山酒同样有着道法自然的天然属性,它源自信阳本地的优质水源和精选粮食,又经过精心的酿造和窖藏,每一滴都是仿佛是自然和人类结合的佳作。尤其是当茶香与酒香交织在一起时,那种独特的韵味让人陶醉。茶，能让人在提神中感受清新和淡雅；酒，则让人在微醺中感受到厚重和丰富。鸡公山酒与信阳茶的搭配，两者相得益彰，正是"和合"文化的典型代表。在茶文化节期间，可以进一步突出和合文化，不仅把鸡公山酒视为是一款接待用酒，而且是和茶融合的媒介，是连接人们心灵的桥梁。这样无论是品茶论道，还是把酒言欢，鸡公山酒都以其独特的口感和"和合"文化内涵，赢得了人们的喜爱和赞誉。笔者相信，随着信阳茶文化节的不断发展，在茶与酒的交融中，鸡公山酒也将在和合文化背景下展现其独特的魅力，通过它，让人们将更加深入地了解中华文化的博大精深，更加感受到生活的美好与和谐。

第四节　豫酒文化赋能豫酒产品现状

在知识经济蓬勃发展的时代背景下，企业的文化底蕴至关重要，缺乏文化底蕴的企业将面临严峻的挑战。同样，产品的文化赋能能力也同等重要，一个没有文化加持的产品，其市场竞争力将显得薄弱，也难以长久为继。对于企业和产品品牌而言，文化是一股无形而强大的内生力量，是一种丰富的底蕴，也是一种能够超越现实困局的精神境界。通过文化的加持，能够赋予产品独特的溢价魅力，为品牌塑造注入核心灵魂，更为企业整体的生存与发展提供持续而强大的传播力与凝聚力。

习近平总书记指出："中华优秀传统文化是中华民族的文化根脉，其蕴含的思想观念、人文精神、道德规范，不仅是我们中国人思想和精神的内核，对解决人类问题也有重要价值。"[①] 传统中华思想中仁爱、道义、礼仪、智慧和诚信的价值主张，中国古典哲学中主张的"天人合一""知行合一""义利善恶"等哲学思想，中华民族自古以来崇尚的孝道、勤俭、爱国、修身的人文精神共同构成了中华优秀传统文化独特的"价值范式"和"价值取向"，这

---

① 新华社. 习近平出席全国宣传思想工作会议并发表重要讲话［EB/OL］. https：//www.gov.cn/xinwen/2018-08/22/content_ 5315723. htm，2018-08-22.

些人文精神在潜移默化中深刻影响着中国人的价值选择、人生态度和现实行为。

在当前快速发展的多元社会背景下，文化与经济的交融态势日益显著，文化正日益发挥其对经济增长能量倍增器的作用。因此，对于文化资源的合理开发与应用成为推动文化生产力进步、提升文化与经济实力增长的核心要素，可以产生显著的经济效益。文化赋能可以视为当前经济发展的重要模式，具有深远的影响力。谈及"赋能"，其初始概念与授权紧密相连，被称作"授权赋能"。这一概念源自20世纪20年代，由现代管理学家玛丽·帕克·福莱特在探讨企业经营与管理时所提出。经过不断的演进与发展，赋能理论已成为教育学、心理学、管理学及信息科学等领域的重要基石，其原理更是在经济、公共服务、文化、教育等多个领域得到广泛应用。在赋能理论的探索上，国外的众多学者纷纷展开了深入研究。由于不同学科背景的差异，研究角度也呈现出多样化的特点。但总体而言，赋能理论的核心在于激发个体或组织的内在动力，通过运用多种技术、模式和方法，充分挖掘个体或组织的潜能，为行动者提供更广阔的活动参与空间、资源获取渠道以及事务处理能力，使他们能够更好地应对挑战，实现自我成长与发展。[①]

赋能理论的核心思想，是对豫酒这一具有悠久历史和深厚文化底蕴的行业进行创新性发展的一种重要方式。具体来说，豫酒文化赋能方式就是通过构建一个包括文化资源赋能、文化心理赋能、文化组织赋能、文化制度赋能的全方位、多层次、宽领域的赋能模式，为豫酒的发展注入源源不断的发展动力。在这个模式中，文化资源赋能是基础，因此我们需要深入挖掘和利用豫酒所蕴含的丰富的文化资源，通过创新的方式，将这些原本沉淀在浩瀚文献中的文化资源转化为豫酒发展的强大物质资源，转变为可以感染人、影响人的传播形式。文化心理赋能是关键，这里的心理赋能包含两个层面：一方面，只有激发豫酒行业从业人员的创新意识和积极心态，让他们能在心理层面主动作为，把各自特色化的豫酒文化内涵结合各自企业的实际情况以及对目标消费者的了解进行

① 王钱坤. 传统文化赋能乡村治理的实践逻辑及推进路径研究——以河南省S村为例 [J]. 湖北工程学院学报，2024，44（04）：115-123.

创造，才能产出新颖的文创设计和开拓性的营销理念。另一方面，只有这些新颖的文创设计、开拓性的营销理念能够真正打动消费者，让其受到感染，真正达到"植入"的目的，让消费者在心理层面上真正有所触动，才能影响他们的后续的决策行为。文化组织赋能是保障。豫酒企业要高度重视相关文化活动的组织和策划，首先，豫酒企业要把豫酒宣传、产品鉴赏、展会设计、文化传播、旅游休闲进行组织和整合，走文旅一体化路线，把豫酒文化的宣传做大做好，真正形成品牌传播效应。其次，豫酒企业要兼顾或创新多渠道文化传播模式和途径，充分利用影视作品进行产品植入，积极思考通过广播、电视和互联网进行文化传播和营销的具体方式方法。文化制度赋能是支撑。政府层面应为豫酒文化传播提供优惠政策，并建立健全豫酒文化传播的制度，由政府牵头，组织专家学者论证，为豫酒文化的定义和传播提供一个较为统一的表述，并提供相关制度和政策的配套支撑，可以调动协同政府机构多部门的合作发力，共同为豫酒发展保驾护航。这四种文化赋能方式相辅相成，共同构成了传统文化赋能豫酒的四大支柱，推动豫酒品牌文化的新生，从而产生巨大的市场价值并提升发展潜力。

当前，豫酒面临的发展态势尚待改善，每一个豫酒企业都应正视自身在文化方面的短板，发挥自身独特的优势，构建与企业自身和时代发展相契合的文化战略。一个拥有丰富、完善文化体系的企业，其文化不仅能转化为生产力，更是其独特竞争力的核心支撑。如今，国内酒类市场的竞争日趋白热化，竞争的要素已不仅仅局限于产品、价格、渠道、终端、广告、促销等传统战术手段，而是上升到思想、格局、模式、资源、品牌等更为宏观的战略层面。河南作为世界白酒的发源地，拥有深厚的历史底蕴和辉煌的酒文化。在百年未有之大变局的时代当下，传统文化的回归无疑是豫酒复兴前所未有的战略机遇与必然之路。豫酒应当乘势而为，借此机遇，以文化为引领，推动品牌的升级与发展，实现自身的复兴与崛起。

文化赋能豫酒，不仅仅在于让酒品本身更具文化底蕴，更在于将豫酒的独特魅力与河南的深厚历史相融合，形成独特的品牌效应。加强品牌宣传，将豫酒的文化故事、历史传承、酿造工艺等元素融入其中，让消费者在品尝美酒的同时，也能感受到河南文化的独特魅力是最佳的传播方式。河南拥有其他省份难以媲美的众多的历史文化名城和优秀自然景观，若将豫酒文化宣传与河南的旅游资源相结合，打造"酒旅"融合的新模式，不但能够提升豫酒的销售量，还能够促进河南旅游业的发展，实现双赢。只要深入挖掘豫酒的文化内涵，加强品牌宣传和推广，推动酒旅融合和科技创新，就一定能让豫酒在激烈的市场竞争中脱颖而出，实现振兴发展。

1. 较高梯队的豫酒品牌文化赋能现状

根据河南省酒业协会所发布的详尽报告，河南省在豫酒领域的品牌竞争格局呈现出了显著的层次差异。在众多的豫酒品牌中，仅有五个品牌达到了高水平标准，这一数量仅占整体品牌数量的9.8%，显示出高端品牌的稀缺性。同时，有十个品牌跻身中等以上水平行列，占据所有品牌数量的19.6%，这也从一个侧面反映出综合发展水平较高的豫酒品牌数量仍显不足。这些销售数据的显著差异背后，可能涉及了经营管理、酒品质量把控以及市场营销等多方面的因素。不容忽视的是，有一些市场表现突出的豫酒品牌，他们在发掘和弘扬自身豫酒文化、实施精准营销策略等方面，确实也展现出了较高的水准和独到的眼光，值得肯定和推广。

基于详尽的销售数据对比和分析，河南省酒业协会对豫酒的主要品牌进行了细致的分类，将它们划分为了四个梯队，这样的划分有助于行业内部更清晰地认识各品牌的地位和潜力，也为未来的行业发展策略提供了有力的数据支持。目前，豫酒销量的第一梯队，或者称为"头部企业"无疑是仰韶酒。仰韶酒之所以能在短短数年间实现跨越式的发展，除了其在酿酒技艺上不断追求卓越、精益求精外，更是在仰韶酒文化的深度挖掘、创新设计以及广泛应用等方面达到了前所未有的高度。仰韶酒将当地举世闻名的仰韶文化作为其品牌的精神内核。它不仅巧妙地汲取了仰韶文化中几何纹、动物纹、植物纹、人物纹等彩陶艺术的精髓，更是将这些丰富多彩、独具特色的元素巧妙融入产品线设计、酒体开发、产品包装设计等诸多方面，为品牌赋予了深厚的文化底蕴。

仰韶酒始终坚持传统酿造工艺，力求在每一滴酒中都体现出匠人之心和岁月的韵味。与此同时，他们并未满足于传统的束缚，而是勇于开拓创新，深入挖掘仰韶酒背后的文化内涵，将其与现代设计理念相结合，创造出了一系列独具特色的酒文化产品线，丰富和发展了细分市场。精细化的产品分层和定位，使其深受不同消费者的喜爱，也为仰韶酒文化的传承与发展注入了新的活力。

仰韶酒业深谙中华文化之精髓，不仅在品牌命名上巧妙融入经典古籍的智慧，更在产品研发、市场营销等方面持续传承与创新，成功借助《孟子·公孙丑下》中的表述"天时、地利、人和"设定了三类不同产品线的仰韶酒。产品线按照"人，地、天"循序渐进，因此这三款酒的定位和价格也就是"天时"高于"人和"，"人和"高于"地利"。在产品包装设计上，仰韶酒融入了更多的仰韶文化元素，使得每一瓶酒都成为一件艺术品。瓶身采用了细腻的陶瓷工艺，光滑如玉，色彩斑斓。瓶身上的图案设计灵感来源于仰韶文化的彩陶。那些线条流畅、色彩丰富的图案，仿佛诉说着远古时期仰韶文化的故事，如图 1-8 所示。

图 1-8　仰韶彩陶坊系列酒：天时、地利、人和

在深入挖掘并展现中原文化博大精深之魅力的同时，彩陶坊系列酒也没有忘却产品质量和内涵的创新。在酒产品本身的开发设计层面，巧妙融入了匠心独运的精湛工艺：仰韶系列酒，其独特之处在于采用了一种别具匠心的双酒体结构，顶部一两的 70°浓烈酒头与下方九两的 46°绵柔的仰韶窖藏酒可以实现完美交融。这种独特的"1 两+9 两"的产品设计在国内酒品市场上独

具一格，非常具有代表性和传播属性，它不仅赋予了消费者在品味该酒时主动参与调酒的乐趣，拥有多样化的品饮选择，更彰显了仰韶酒对"中庸""和合""和谐"这些中原文化核心理念的独到理解。这种设计仿佛是历史与现代的交汇、厚重与淡泊的和谐统一。这种二元结构的巧妙融合，如太极阴阳的互补共生，让消费者在品尝时，既可以细细品味70°浓烈酒头带来的强烈冲击，感受其中蕴含的丰富情感；也可以轻松享受那46°柔和酒体带来的宁静与舒适。更妙的是，消费者还可以根据自己的口味偏好，将不等量的70°酒头与46°酒体自由调配，创造出属于自己的独特风味与口感。因此，品味彩陶坊系列酒，不仅仅是一次味蕾的享受，更是一次传统文化的体验。可以想象，在品饮仰韶酒的过程中，人们就会谈论"天时、地利、人和"的奥义；在调制两种酒体的过程中，人们就会思考和感悟和谐之道的真谛，品味人生的多元与美好。每一滴酒都承载着厚重的历史与文化，每一次品味都是对人生的一次感悟与体验。

在品牌标识设计上，仰韶酒独具匠心地以仰韶文化中独特的彩陶旋涡纹为灵感，巧妙地融合了"仰韶"二字的首字母"Y"与"S"，形成了既具辨识度又富含品牌特色的标识，令人过目难忘。除了字母符号以外，仰韶酒在瓶体上绘制了很多彩陶纹样，这些纹样是原始先祖们对自然万物规律性提炼的杰作，体现了人与自然和谐共生的"天人合一"理念。其中，五人一组的舞蹈纹样式，寓意着新石器时代人们对子孙后代生生不息的美好愿景；鱼纹则蕴含着先民们对富裕生活的向往，希望子孙能像鱼一样繁衍不息；而水波纹则反映了古人对水的深厚依赖与敬畏之情。这些不同的纹样反映在不同的酒瓶包装设计上以作区分，可谓别具一格。甚至在酒瓶本身的设计上，仰韶酒同样别出心裁，所有彩陶坊系列的酒瓶都选用了环保的陶土材料制作，打造出别具一格、具有仰韶特色的酒瓶设计。此外，仰韶酒瓶的造型也借鉴了仰韶文化中的特色器物，如国陶天地人和系列的旋涡纹尖底瓶、国陶女娲系列的人头形器口彩陶瓶以及彩陶坊系列的鱼鸟葫芦酒瓶等，这些都充分展现了中华民族古老的审美艺术和文化理念。其比较高端的"天时"系列酒，巧妙地将本土文化最具代表性的、被中国国家博物馆收藏的、可追溯至7000年前的经典彩陶艺术品——"小口尖底瓶"的造型作为酒瓶，如图1-9所示。

图1-9　彩陶坊天时酒

在仰韶酒文化的开发、设计和应用方面，仰韶酒业展现出了独到的眼光和卓越的组织整合能力，他们将酒文化与当地的历史、民俗、艺术等元素相融合，还巧妙地将其与现代科技、时尚元素相结合，打造出了一系列令人耳目一新的仰韶酒文化体验，打造成为集宣传、布展、旅游、休闲一体的仰韶酒文化体验馆。随着"豫酒转型发展"战略的深入实施，仰韶酒业在不断提升产品品质的同时，也在文化创新上取得了显著成效。他们积极参与各类文化活动，如"黄帝故里拜祖大典"等，以仰韶美酒供奉中华始祖；在中央电视台等主流媒体投放战略性广告，冠名"中国经济大讲堂"等王牌栏目；在河南广播电视台"中国节日"系列节目中持续植入产品符号；开展线上线下同步直播的《仰韶故事会》，让员工亲自登台讲述，传播仰韶酒的历史、酿造工艺和品牌故事。这些举措不仅有效提升了仰韶酒的品牌知名度和美誉度，还进一步增强了消费者对豫酒的文化认同和信心。通过不断创新和拓展文化表现形式和传播渠道，仰韶酒成功地将品牌内涵与文化价值融为一体，实现了品牌价值的最大化。这些创新举措不仅提升了仰韶酒的品牌形象，也为整个酒行业树立了新的标杆。

在河南白酒行业的第二梯队中，杜康与宝丰两大品牌同样在深入挖掘并传承自身独特的酒文化上展现出坚定的决心与不懈的努力。

　　杜康酒，这拥有五千年深厚历史底蕴的美酒，在浩瀚的文献记载中熠熠生辉。至今，已有超过 20 部古典文献明确记载了杜康造酒的传奇故事，如《酒诰》《世本》《说文解字》《战国策》《汉书》等，它们共同见证了杜康酒源远流长的历史。此外，更有 100 多首诗词歌赋以不同的笔触和情感描绘杜康，使之成为中国文化中不可或缺的一部分。在文化的璀璨星空下，杜康无疑是那颗最为耀眼的酒业之星，而杜康集团更是深谙此道，将那份深厚的酒祖文化底蕴熔铸于公司之精髓，并将其视为不可撼动的核心竞争力。品牌旗下的杜康酒，凭借其独特的名号"酒祖杜康"，深耕于市场，如图 1-10 所示。其主打产品"酒祖杜康"与"中华杜康"更是将这一名号发挥得淋漓尽致，通过强化"杜康"乃中华白酒之源泉的文化宣传，不断激发消费者的文化共鸣。当前，杜康集团的产品线已扩展至中国酒之源系列、杜康国花系列、老杜康系列等多个系列，共计十余种，每一款都是对杜康酒深厚历史与文化的生动诠释。

图 1-10　酒祖杜康系列白酒

　　杜康酒的包装设计也走出了一条独具特色之路，比如专为高端人士和企事业单位量身定制的"酒祖杜康名仕封坛酒"，不仅采用了中国传统的青瓷与红瓷作为盛酒器，更以中国书画大师的精湛笔触，将那首和杜康渊源颇深的曹操《短歌行》诗句镌刻其上，完美融合了文化与酒香，为杜康品牌和文化赋予了更加深厚的底蕴。而"大师级原装酒"则选用了河南禹州出产的钧瓷作为装酒器。钧瓷被誉为中国古代五大名瓷之一，以其独特的窑变艺术，使得每一件钧瓷制品都是独一无二的孤品。消费者在品尝美酒之余，亦可将其作为珍贵的收藏品。

在文旅一体化创新发展中，杜康人还秉承了源自黄帝时代的封坛文化，自2012 年起，每年举办盛大的"酒祖杜康封坛大典"，将中华民族的传统祭祀文化与精湛的造酒技艺完美融合，向世界传递着中华酒文化的博大精深。2019年，杜康文化的发源地汝阳更是举办了盛大的"杜康文化旅游节"，通过丰富多彩的活动形式，让消费者更加深入地了解杜康品牌和杜康文化。作为一个文化品牌符号，杜康正逐步崛起。为实现更高的目标，杜康集团积极实施"品质杜康、文化杜康、责任杜康"三大发展战略，通过建设杜康生态酿酒工业园、杜康造酒遗址公园、杜康文化广场、华夏第一窖、杜康风情小镇等一系列文化、生态项目，打造了一个集工业游、文化游、休闲游、生态游于一体的独特旅游胜地。这里不仅是中国独一无二的华夏酒文化传承基地，更是中国历史文化名酒的旅游胜地。此外，杜康集团还不断夯实生产基础，以战略核心产品"酒祖杜康"为核心，全面提升其酿造技艺与品质。立足中原，面向全国，乃至全球市场，杜康正以其独特的文化魅力和卓越的产品品质，征服着越来越多的消费者。

宝丰酒，同样深深植根于"仪狄造酒"的中国酒之源文化中，其酒质清澈透明，收尾纯净，是我国清香型白酒中的璀璨明珠。中国酒常以地名、人名、艺名这三大传统命名。以地名命名的相对较少，最著名的就是"贵州茅台"。宝丰酒以自己的地域命名就显得足够自信，当然它也有自信的资格。这个名字是北宋皇帝宋徽宗赐名，他以宝丰之地多出美酒、名瓷，可谓"宝货丰发"，特诏更名为"宝丰"。所以宝丰这个名字本身就是酒文化的重要符号。

宝丰酒的产品线也非常丰富。比如宝丰·国色清香 G 系列，作为品牌的高端之作，精准把握高端市场的脉搏，稳稳占据豫酒高端市场的核心地位。其外观设计独具匠心，堪称国产酒中的美学典范；其品质更是清香白酒中的翘楚，一直以来都保持着无可挑剔的标杆地位。宝丰·国色清香 G 系列不仅完美重现了宝丰酒在 1979 年、1984 年、1989 年三获国家名酒大奖时的卓越品质，更在此基础上进行了品质的升级与产品线的拓展，使得这一系列的酒品更加丰富多元，满足了更多消费者的需求，如图 1-11 所示。

图1-11 宝丰酒国色清香系列

以上三家豫酒都是销售情况比较好的品牌。通过上述分析可以看出，三家企业在各自豫酒文化发掘和开发上着实下了功夫。经总结，这些豫酒企业在文化开发和设计上都有以下几个共性：

首先，在这些豫酒品牌文化中，品牌形象的打造和核心价值的塑造非常重要。这些品牌通过深入挖掘豫酒的历史沉淀和文化内涵，成功打造了独特的和具有高辨识度的品牌形象。例如，仰韶酒以"传承千年文化，享受美好生活"为核心价值观，通过打通时空间隔，把历史和当下、传统和现代文化元素相结合，打造出高品质、有内涵的产品形象，赋予了消费者更多的情感认同和价值追求。

其次，这些销量较好的豫酒品牌在营销策略上下了很大的功夫。它们通过多种渠道和媒体展开广告宣传，提高产品的曝光率，吸引消费者的注意。同时，这些品牌还注重与时俱进，紧跟消费者需求的变化，通过创新的营销手段，将豫酒品牌文化与时尚、健康等流行元素相结合，创造出一系列具有个性化和差异化的推广活动。例如，在社交媒体平台上，宝丰酒业曾精准定位于年轻消费群，推广宝丰·小宝（X-boy）酒，并充分考虑到年轻消费群体的阅读习惯和信息获取方式，开展互联网微营销。

最后，销量较好的豫酒品牌还注重产品品质和口碑的建立。它们从原材料的选择、酿造工艺的精益求精，到产品包装和保质期的控制等方面都严格把控，确保每一瓶出厂的豫酒都具备高品质的口感和独特的风味。同时，这些品牌也积极开展消费者反馈的收集和处理工作，倾听消费者的意见和需求，不断改进产品，提升品质和口碑。这三家企业在酒品质量方面都有严格的把控和品质创新，仰韶彩陶坊系列独创的陶香型白酒，宝丰酒清香型白酒"六净归一"的核心品质，杜康酿酒工艺成为河南省非物质文化遗产都说明了"酒香不怕巷子深"的底层逻辑。

综上所述，在豫酒品牌文化中，销量较好的品牌以其独特的品牌形象、创新的营销策略以及高品质的产品获得了消费者的广泛认可和喜爱。然而，需要注意的是，即便是销量较好的豫酒品牌，仍然面临着激烈的市场竞争和消费升级的挑战，仍然需要不断寻求创新和突破，以保证持续的市场竞争力。

2. 较低梯队的豫酒品牌文化赋能现状

上节谈及，仰韶酒能够在深入挖掘华夏文明之根的仰韶文化优势基础上，积极地在产品理念、产品设计、包装设计创新上寻求突破，其精神和成效值得我们肯定和赞扬。相较之下，和仰韶酒文化同样拥有悠久且灿烂的史前文明的贾湖酒，在文化遗产的挖掘和开发力度上就稍显发力不足。

贾湖酒业推出的高端"东方道系列"酒品，如图 1-12 所示，尽管酒瓶包装设计也采用古朴的瓶身设计，用精陶打造酒樽，瓶型模仿了贾湖遗址标志性的双耳陶坛，但该器型与我国古代陶器和酒器的传统造型相比，显得较为常规，且缺乏独特设计之处和较为详尽的文化阐释。（这一点可以横向对比彩陶坊酒的酒瓶设计理念）。在酒品类的命名上也仅限于"问道"和"论道"，这两个词虽然也有丰厚的传统中国文化底蕴，但难以充分展现贾湖酒悠久的历史和华夏、中原文明起源的璀璨光芒。另外，"论道"和"问道"的内涵是否有区别，重要性上是否有先后和梯次，这都决定了后续酒类档次分层的核心问题。论述不清，则容易让消费者产生混淆，也不利于这两个文化概念的传播。在贾湖酒的产品设计中，唯一与贾湖文化直接相关的是那款著名的"骨笛"酒瓶设计，如图 1-13 所示。然而，笔者认为，这样的酒瓶设计并未能精准还原贾湖骨笛的神韵，也未能凸显出贾湖文化深厚的历史底蕴。笔者试想，抛开以"骨笛"原型做酒瓶的思路，若能采用塑料或陶器材质，按比例缩小制作一个"贾湖骨笛"，并结合一些实用功能，如电筒、圆珠笔、打火机或者有简单吹奏功能的笛子等，同时辅以配备精美的卡片文字说明，并通过微信扫描上面的二维码聆听贾湖文化的讲解和骨笛演奏的音乐，无疑将为贾湖酒的文化赋能增添一份独特的魅力，更是提升广告营销效果的绝佳策略。

贾湖·论道　　　　　　　　贾湖·问道

图 1-12　贾湖·东方道系列酒

图 1-13　贾湖·中原味道酒（骨笛版）

　　令人振奋的是，目前，贾湖酒业也正在积极地挖掘和发扬自身所拥有的文化资源。为了更好地传承和突出贾湖文化这 9000 年的历史底蕴，贾湖酒业正积极地参与河南博物院的战略合作。双方计划在贾湖文化的深入挖掘、文创白酒的开发等多个领域展开密切合作，以共同推动贾湖酒业的快速发展。如今，在河南博物院的门票以及文创中心，都可以看到贾湖酒业的推广广告和产品。据贾湖酒业营销公司的工作人员透露，通过与河南博物院的合作，不仅提高了品牌的知名度，同时也提升了产品的销量。在文化的引领下，相信贾湖酒业的市场布局会加速推进。

另外一款销量不尽如人意的酒品是寿酒，这款原本具有广阔市场潜力的酒品，却因为缺乏深入的文化内涵挖掘，导致其在激烈的市场竞争中未能取得理想的成绩。尽管它的特色同样突出，但在酒文化的宣传上，寿酒企业并没有深入挖掘其"寿"字的内涵，从而在市场上形成鲜明的卖点。从产品文化内涵来看，寿酒无疑具有独特之处，其特色极其鲜明，符合我国传统文化中对长寿的向往和祝福。在中国传统文化里，饮酒是一种延年益寿的工具和途径。然而，在市场营销方面，寿酒企业却未能充分展示寿酒所蕴含的文化意义，使得消费者在选择酒品时，很难将该酒与其"延年益寿"独特的文化内涵联系起来。在我国的酒文化中，"寿"字具有极高的象征意义，代表着健康、长寿、幸福等美好愿景。如果寿酒企业能够深入挖掘并传播"寿"的这一特定的文化内涵，将其产品设计、包装设计和营销策略与消费者的需求和期望相结合，无疑将为寿酒在市场上赢得更多关注和认可。目前，该品牌的酒产品被划分为四个独立的系列，分别是寿酒系列、洞藏系列、百春泉系列以及文化酒系列，如图 1-14 至图 1-17 所示。

老酒头

图 1-14　寿酒系列

图 1-15 洞藏系列

图 1-16 百春泉系列

图 1-17 文化酒系列

这些系列之间缺乏紧密的内在联系，使得产品线显得较为松散和混乱。特别是百春泉系列酒，其产品种类繁多，缺乏统一的设计理念和突出文化特色的元素，这无疑加大了消费者对品牌识别和选择的难度。因此，尽管各系列产品各具特色，但在市场上的整体竞争力并未得到有效提升，合力没有形成，反而影响了口碑。笔者认为，为了提升寿酒的销量和品牌影响力，生产商需要切实采取一系列措施来加强酒文化的宣传和产品线的整合，可以在一定程度上减少目前多样化的产品线，深入挖掘"寿"字的文化内涵，将其与酒文化相结合，整合产品线，加强它们之间的关联性。可以通过设计统一的品牌形象、制定统一的市场推广策略等方式，形成独特的品牌故事和宣传点，提升消费者对品牌的整体认知度。比如主打几个互相配合、关联的"寿"系列酒，甚至可以进一步拓展为"福、禄、寿"系列酒。此外，为了拓展企业品牌知名度，可以通过举办与"寿"字相关的文化活动、推出具有寿文化特色的限量版酒品等方式，吸引消费者的关注。同时，针对百春泉系列过于杂乱的问题，生产商可以精简产品线，突出主打产品，并加强产品的文化特色设计，以提升产品的辨识度和吸引力。此外，寿酒还可以加强与消费者的互动和沟通，了解他们的需求和喜好，以便更好地满足市场需求。可以通过线上线下的活动、社交媒体互动等方式，与消费者建立更紧密的联系，提升品牌的忠诚度和口碑。寿酒要想在竞争激烈的市场中脱颖而出，就需要在酒文化宣传、产品线整合以及消费者互动等方面下功夫，不断提升品牌的竞争力和市场地位。

从上面两个例子，我们可以观察到贾湖酒和寿酒这两个豫酒品牌在市场营销方面尚有不足，亦可以从中发现一些问题：

首先，不可否认，基于企业体量和经营考量，这些品牌在相关酒文化的推广上可能没有投入足够量的资源。毕竟，在当前激烈的市场竞争环境下，豫酒面临外省酒的强力竞争，豫酒企业的生存压力是可以想象的，对传统酒文化的发掘和设计都需要投入大量的人力、物力、财力，企业可能更倾向于追求短期经济效益，无暇深耕品牌文化的塑造。这种考量可能导致了它们品牌文化的构建能力不强，没有形成无形的品牌影响力，进而影响了市场表现。其次，相比豫酒头部品牌，处于销量较低位次的豫酒品牌企业在产品的包装设计都存在一定的不足，其设计理念缺乏吸引力和与消费者的情感共鸣，使得消费者难以产生购买欲望。毕竟，在网络时代，通过文化包装，一个独特且具有吸引力的品牌形象对于产品的市场推广至关重要。它的最大功能，就是能帮助品牌在众多竞品中脱颖而出。任何产品只有具有一定的品牌辨识度和影响力，才能在同质化竞争非常激烈的酒类市场中杀出一条血路，吸引消费者的注意力，并最终靠质量影响忠诚度。这里也可以引用一句互联网名言：始于颜值、陷于文化、忠于品质。

综合以上的论述和观察，我们可以发现，贾湖酒和寿酒这两个豫酒品牌在特色文化开发方面遇到的挑战和问题，实际上是河南豫酒企业在品牌形象塑造、市场定位和消费者沟通等方面所面临的共性问题。这些问题不仅影响了企业的短期发展，更在长远中制约了整个豫酒行业的壮大和提升。

总的来说，豫酒企业要改变当前的现状，需要在传承和弘扬传统文化、提升品牌形象、提高产品质量等多个方面下功夫，以期在激烈的市场竞争中占据有利地位。这不仅是对企业和部门的要求，更是对整个豫酒行业的挑战和机遇。笔者认为，需要从多个层面和角度出发，采取一系列的策略和措施。

首先，这些品牌要学会讲好自己独有的"故事"。要学会设计和自身酒文化高度关联的人物、事件或标志性符号。在此顶层设计之下，要凸显自身酿酒工艺的传承和创新。要经常举办与自身酒文化一致的文化活动，实现文旅一体的营销策略，如酿酒工艺展示、品酒会、营销策划比赛、微视频大赛等，让更多的人了解和喜爱传统酿酒工艺，从而增强品牌的文化底蕴。

其次，要像仰韶酒的包装设计那样，高度重视外观设计。一个品牌的形象和包装设计是吸引和聚拢消费者的重要因素。这些销量不佳的豫酒品牌需要重塑其品牌形象，打造独特且富有吸引力的视觉形象。可以通过聘请专业的设计师团队，结合品牌的文化底蕴和市场定位，设计出既符合消费者审美又凸显品牌特色的包装。同时，品牌还可以通过社交媒体等渠道，与消费者进行互动，了解他们的需求和喜好，进一步优化品牌形象和包装设计。

最后，要多渠道开展营销。虽说酒香不怕巷子深，但在竞争激烈的市场里，不积极占领宣传阵地，酒香也怕巷子深。中央电视台新闻联播前的 10 秒倒计时广告被誉为黄金时段和广告标王，绝大多数时间被酒企长期霸占，就说明了这个道理。销量稍弱的豫酒品牌需要积极开拓新的市场渠道和制定新的营销策略。

单一的营销策略已经难以满足品牌的发展需求，应该积极探索新的市场渠道和营销策略，如与电商平台合作、开展线上线下联动的营销活动等，以吸引更多的消费者关注和购买产品。同时，品牌还应该加强与其他行业的合作，如与旅游、餐饮等行业合作，共同打造具有地方特色的酒文化体验项目，进一步提升品牌的知名度和美誉度。

3. 目前河南省酒业文化赋能产品的情况

前文笔者总结梳理了有代表性的、做得比较好的豫酒企业和较弱的豫酒企业文化赋能的情况。所谓"窥一斑而知全豹"，本节笔者仍以豫酒头部企业仰韶酒业为例，尝试分析一下河南省酒业文化赋能产品情况。仰韶酒业在下列层面所做到的文化赋能的举措，具有一定的代表性和示范性，对整个豫酒企业都有一定参考价值。

首先，是豫酒企业要以独特酿造工艺打造特色化酒体以及与地方文化相融合的酒主题系列。在众多豫酒香型里面，仰韶酒业独辟蹊径，以品类创新的思路，取九种粮食之精华，成功研发出了中国第十三种香型——陶融香。仰韶酒业开创了"陶香型"白酒新品类，采取"五陶工艺"，分别是陶屋制曲、陶泥发酵、陶甑蒸馏、陶器盛储、陶瓶装酒，并在具体的酿造过程中，用黄河流域所产的高粱、玉米、糯米、大米、小米、小麦、大麦、荞麦、豌豆九种粮食为原料，采用九粮九蒸、陶酿陶藏的特殊工艺，独树一帜，也让这种香型变得师出有名。

其次，是豫酒企业要推出通过创意设计和包装来呈现酒文化的文创产品。仰韶彩陶坊的瓶身，除了以仰韶文化时期的鱼纹葫芦瓶为原型，还在上面加上了鱼纹、波浪纹、舞蹈纹等诸多仰韶文化元素，并通过现代艺术的巧妙设计，让每个纹路都似乎在向智慧的仰韶先民致敬，而每个线条都在展现仰韶文化传承与创新的魅力。从视觉角度上看，灵动的仰韶彩陶坊瓶身，更是一件让人赏心悦目的艺术品。其酒器、酒杯、酒标等，均以独特的设计元素展示了河南省酒文化的独特魅力。三门峡地区1975年7月出土的一件鱼纹葫芦瓶，细腰鼓腹，平底双耳，颈以上施墨彩，颈下饰"三角几何纹，腹饰"，两组"变形人

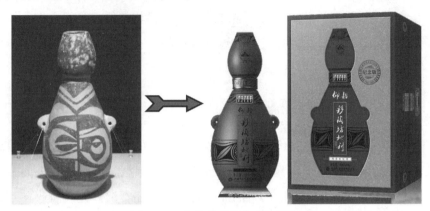

面纹",纹饰奇特,颇具神秘感,如图 1-18 所示。这便是仰韶彩陶坊天时、地利、人和酒瓶外形的灵感来源之一。

图 1-18　鱼纹葫芦瓶和仰韶酒瓶

　　在浩瀚的中国文化宝库中,仰韶酒业深受那件被中国国家博物馆收藏的、可追溯至 7000 年前的经典彩陶艺术品——"小口尖底瓶"的启发,巧妙地将这一历史瑰宝的精神融入其彩陶坊日月星的瓶身设计中,从而塑造出了一款独特的经典设计。这款彩陶坊日月星,以其小口尖底的独特造型、高辨识度的器形设计,一经推出,便与众不同,出类拔萃,它所蕴含的历史韵味与文化内涵,令人叹为观止。设计者深谙消费者心理,和传统的酒瓶相比,它的尖底不好水平放置,消费者初次接触在倒酒后会很难拿捏,于是会产生极强的好奇心,继而会引发思考,进而追本溯源,然后恍然大悟,这是对仰韶文化极好的宣传,也是仰韶酒本身极大的赋能。

　　再次,是豫酒文化赋能要重视酒文化综合体验。仰韶酒业以"彩陶"作为品牌符号 IP,设计并开展如酒文化博物馆、酒文化主题活动等,通过互动体验来让消费者更深入地了解和体验酒文化。仰韶酒业通过深挖仰韶酒的历史文化、地域文化、白酒酿造文化等,打造仰韶仙门山体验式景区。该景区围绕 7000 年仰韶文化价值和体验价值,以及品牌观念展开。比如,在景区内主支干道旁,特色陶香酒文化仙门水镇、陶香人家、太阳月亮酒店等特色项目,都与仰韶酒业的酒文化、彩陶坊产品内涵有着深度的呼应,与世界美酒特色产区的山水生态互为承辅、相得益彰。

从次，是豫酒企业要学会讲好"故事"，做大做强 IP。讲述精彩纷呈的故事，并娴熟地运用叙事艺术，无疑是豫酒品牌迈向辉煌的关键所在。以仰韶酒为例，其独具匠心地抓住了仰韶酒业的精髓，以"彩陶"作为独特的品牌符号 IP，从而开创了"陶香型"白酒这一崭新品类。政商企联动共同宣讲仰韶故事，在仰韶酒业的发展历程中，他们不仅深入挖掘了仰韶文明的丰富内涵，还巧妙地将其与现代营销手段相结合，积极运用多元化的媒体方式，对品牌 IP 进行了广泛而深入的推广。这种战略性的传播，不仅提升了仰韶酒的品牌知名度，也为豫酒品牌的整体发展注入了新的活力。同时，仰韶品牌还积极寻求跨界合作，与旅游、文化、艺术等领域进行深度融合。通过举办仰韶酒文化节、仰韶酒品鉴会等活动，不仅展示了自身的独特魅力，也为消费者带来了更加丰富多彩的体验。这种跨界合作不仅拓宽了豫酒品牌的市场空间，也提升了豫酒文化的社会影响力。

最后，是豫酒企业要积极尝试"大外宣"，做精"大内宣"，实现双循环。在全球化的大背景下，仰韶酒业也积极拓展国际市场。通过参加国际酒类展会、举办海外品鉴会等方式，仰韶酒业向世界展示了豫酒的独特风味和文化内涵。仰韶酒业在走向世界的过程中，坚持以"弘扬中华优秀传统文化"为动力，通过持续亮相一系列国际性舞台，持续对外讲述仰韶文化故事，向世界展示出"中国仰韶，中国气派"的卓绝风姿。

总之，讲好故事、会讲故事是豫酒品牌发展壮大的关键因素。豫酒品牌通过深入挖掘品牌故事、塑造品牌文化、创新产品、提升品质、跨界合作以及拓展国际市场等多种方式，不断提升自身的竞争力和影响力。未来，豫酒品牌将继续秉持"传承经典、创新发展"的理念，努力成为具有国际影响力的优秀酒类品牌。

第二章　多模态话语分析理论及实践应用

在研究豫酒文化的多模态表达中，多模态话语分析是一个重要的理论框架。多模态话语分析主要关注豫酒文化中不同符号模态的互动和整合方式，以及这些模态如何共同传达意义和表达文化内涵。通过分析不同模态之间的相互作用，我们可以深入了解豫酒文化的多维意义和多层次表达。在多模态话语分析中，我们应当重点关注的是豫酒文化的视觉表达模态和文字表达模态。视觉元素在豫酒文化中扮演着重要的角色，比如宣传片内容、包装设计外观、标志图案和广告海报等。文字表达模态更多是对视觉表达模态意义上的锚定。除了视觉表达和文字表达，豫酒文化中的声音表达也是多模态话语分析的重要内容，声音表达模态包括豫酒宣传片的音乐、音效和声音背景。在本书中绝大多数案例的声音表达模态，是背景音乐或者是文字模态的有声表达，因此在本书中不做重点分析。总之，各模态表达方式之间的有机配合往往会产生1加1大于2的表意效果，更能够感染和打动消费者。通过分析这些不同模态的构成和运用方式，笔者尝试揭示出这些不同模态之间如何有效配合来实现表意效果的策略和建议，通过分析这些要素的组合构成，可以揭示出豫酒文化中如何有效传递情感、构建与消费者的人际意义关系、引发消费者情感共鸣和树立品牌形象。

第一节 多模态话语分析理论框架

1. 多模态话语分析的来源

多模态话语分析理论（Multimodal Discourse Analysis，MDA）是一种跨学科的研究范式。该理论不仅关注语言本身，还强调文本、图像、声音、动作等多种符号模态在交际过程中的互动与整合，旨在揭示多模态交际的复杂性和丰富性。它最早是从符号学研究延伸出来的。罗兰·巴尔特在《符号学原理》中运用结构主义研究符号学，对索绪尔的语言学理论进行了深入发展和修正。在书中，巴尔特从语言和言语、能指和所指、系统与组合、外延与内涵这四个方面系统地分析了结构符号学。巴尔特在强调结构语言对于文化符号的作用时形成了对单纯的直接意指层和综合的含蓄意指层的探讨的理论。在含蓄意指层中，所指与文化、知识、历史、情感相互融合，是一种在社会意识形态、社会价值体系等更加宽泛领域的指导下进行解释的符号。罗兰·巴尔特认为符号学应该透过文本表层，探究深层背后具有的隐喻意义。① 因此，多模态话语分析就是以"社会符号观"为基本认知的多模态符号学，它主要借鉴韩礼德系统功能语言学的理论框架和研究方法，将对语言的研究延伸至一切用来构建意义的符号资源，包括口语、书面语、图像、图表、建筑、音乐、动态影像等。在多模态符号学的视角下，每种模态都是符号资源，各种模态发展成产生意义的互相连接的可供选择的网络，所有的模态及各种模态间的互动均具有表达意义的潜势，都对意义的创建起到作用，也可称之为符号潜势或模态潜势。多模态话语分析理论其源头应为系统功能语言学创始人韩礼德的理解，他认为语言是一种文化符号，在社会交际中扮演着重要作用，是传递文化的重要手段。同时，他也认为"绘画，雕刻，音乐和舞蹈，还有其他没有包括在内的文化行为，如交流方式、

---

① 王春明．社交媒体表情符号解析——基于罗兰·巴尔特符号学视域［J］．新闻传播，2016（10）：17-18．

衣着方式等"①，这些不同的表意方式都是特定文化的承载者，文化可以定义为一系列符号系统，一系列相互联系的意义系统。

2. 多模态话语分析理论的国内应用

国内学者在这一领域的研究虽然起步较晚，但已取得了一定的进展。本小节将对国内多模态话语分析理论的学术研究进行详细综述，以期为后续研究提供更为深入的参考。中国学者对多模态话语分析的研究始于对国外理论的引介，首篇将多模态符号理论引介到国内的论文是《多模式话语的社会符号学分析》（李战子，2003），该文详细介绍了克雷斯（Kress）和莱文（Leeuwen）所构架的视觉语法和图像分析方法，并探讨了这种分析方法对于加深认识语言的社会符号特点、多模态话语的产生和理解以及英语教学的重要意义。胡壮麟（2007）、朱永生（2007）、张德禄（2009）等对多模态研究的理论基础、研究路径和现实意义进行了评价，对推进国内的多模态话语研究起到了宏观指导的作用。尤其是胡壮麟教授，他不仅将"多模态符号学"的概念引进国内，阐释了多模态、多媒介的区别和关系（胡壮麟，2007），还身体力行地研究了 PPT、多模态小品等多模态语篇的语类特点（胡壮麟，2007）。随着研究的深入，国内学者开始尝试构建符合中国语境的多模态话语分析框架。李战子（2012）在其研究中提出了基于中国文化的多模态话语分析模型，强调文化因素在多模态交际中的核心作用。该模型不仅关注模态间的互动，还特别强调了文化背景对模态选择和整合的影响，为国内多模态话语分析研究提供了新的视角。

目前，国内学者在多模态话语分析的应用研究方面也取得了显著成果。研究领域涵盖了教育、广告、新闻、社交媒体等多个方面。在教育领域，张征（2013）② 探讨了多模态话语分析在英语教学中的应用，强调了多模态资源在语言学习中的重要性。她通过案例分析，展示了如何利用多模态教学材料提

---

① 张德禄. 多模态话语分析理论与外语教学［M］. 北京：高等教育出版社，2015.06.
② 张征. 多模态 PPT 演示教学与学生学习态度的相关性研究［J］. 外语电化教学，2013，（03）：59–64.

高学生的语言理解和产出能力。在广告研究中，王璐（2016）分析了多模态广告中的视觉和语言互动，揭示了广告的多模态策略。她通过对比分析不同类型的广告，探讨了视觉元素和语言元素如何协同作用，以达到最佳的传播效果。在新闻研究中，刘晓燕（2018）通过对新闻图片的多模态分析，探讨了新闻报道中的视觉修辞。她指出，新闻图片不仅是信息的载体，也是修辞的手段，通过视觉元素的巧妙运用，可以增强新闻报道的说服力和感染力。

3. 多模态话语分析研究方法的创新

国内学者在多模态话语分析的研究方法上也进行了创新。传统的多模态话语分析多依赖于定性分析，而近年来，定量分析方法逐渐被引入。张德禄和刘世铸（2015）运用社会网络分析方法，对多模态文本中的模态关系进行了量化研究。他们通过构建模态关系网络，分析了不同模态在交际中的作用和互动模式，为多模态话语分析提供了新的研究路径。此外，眼动追踪、脑电图等技术也被应用于多模态话语分析中，为研究提供了新的视角和方法。例如，李晓红（2017）利用眼动追踪技术，研究了受众在观看多模态广告时的视觉注意模式。她的研究表明，不同模态的组合方式会影响受众的注意分配，从而影响广告的传播效果。

4. 多模态话语分析理论框架

从目前的应用研究来说，应用较多的多模态话语分析的主要理论模式是系统功能语言学的分析框架。此多模态话语分析理论框架主要由五个层面的系统构成。本研究采用的多模态话语分析是基于系统功能语言学理论，其把原来用于分析语言的单一模态理论拓展到图像和其他模态。根据张德禄教授多模态理论的相关研究，他认为多模态话语分析综合框架由五个层面的系统及其次级范畴组成：① 文化层面；② 语境层面；③ 意义层面；④ 形式层面；⑤ 表达层面。每个层面有不同的表意重点和模态选择表意的策略，如图 2-1 所示。①

---

① 张德禄．多模态话语分析综合理论框架探索［J］．中国外语，2009, 6（01）：24-30.

在具体模态分析研究中，系统功能语言学理论侧重于对文字模态进行分析。克雷斯和凡·勒文在《阅读图像：视觉设计的语法》一书中确立了多模态语篇分析的基础，并对图像模态层面进行了分析，又在《解读视觉叙事》一书中增加了对视频和音频表意的分析，进而完善了多模态话语分析关于各个模态表意的语法体系。

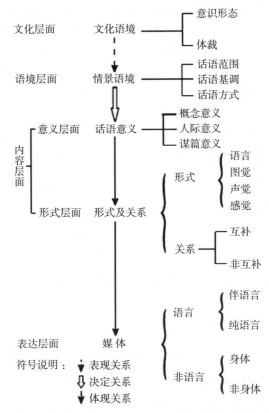

图 2-1 张德禄多模态话语分析综合框架

通过如图 2-1 的多模态话语分析综合框架，我们可以清晰地辨识出其基本构成的四个层面：文化层面、语境层面、内容层面以及表达层面。文化层面，作为多模态交际的核心基石，对于交际的展开起着至关重要的作用。它承载着交际的传统、形式和技术，决定着交际的走向与深度。缺少了这一层面，情景层面将失去其解释与指导的能力。这一层面涵盖了人类思维模式、处世哲学、生活习惯以及社会中那些隐形的潜规则，它们共同构成了丰富多样的意识形态。

而这种意识形态的具体实现，则体现在一系列交际程序或结构潜势中，我们称之为"体裁"。这些体裁不仅是文化的具象化表现，更是交际中不可或缺的组成部分。

在深入探讨多模态话语的运用过程中，我们不得不提到交际效果受到的多重语境因素的深刻影响。具体而言，这些语境因素涵盖了话语范围、话语基调以及话语方式三个层面。这些综合性的语境要素，塑造了在交流中所要遵循的规则与界限。为此，为了实现特定有效的交际，在进行多模态话语设计时，就需要根据特定的语境，选择恰当的体裁，并遵循特定的交际模式来展开对话。

在具体分析特定多模态语篇的话语意义层面时，语篇的话语范围、话语基调和话语方式分别制约着多模态表达的概念意义、人际意义和语篇意义。他们不仅精准地界定了语篇想要传达的概念意义，即话语背后的具体信息与核心内容；同时，它们也在模态的选择之中通过话语所展现出的复杂关系与鲜明态度塑造人际意义；更为重要的是，这些要素在话语的谋篇布局上也发挥着至关重要的作用，由此决定了整个话语结构在逻辑与层次上的组织与安排，从而确保了话语在传递信息的同时，也具备了流畅性与连贯性。

在深入探析话语意义的过程中，研究者均可发现不同模态的形式特征之间存在着紧密的交织关系，共同织就了话语意义的复杂图景。在这个错综复杂的网络中，每一种模态都拥有其独特且自成一体的形式系统，例如文字语法、视觉语法和听觉语法等，这些语法系统为理解和诠释多模态话语提供了独特的框架和工具。视觉语法、听觉语法基本参照语言语法的特征，但相对而言，缺乏明确的规则与结构，更多地受到观看者主观因素的影响，具有一定的不确定性。更具挑战性的是，要深入发掘这些模态之间是如何协调、联合和互补的，需要研究者具备敏锐的洞察力和深入的分析能力。因此，当前多模态话语研究的重心依然聚焦于不同模态的各自形式特征，以及从宏观上它们之间配合、协作和互补的关系。

第二节 多模态话语分析的豫酒实践应用

根据上述的多模态话语分析理论，笔者认为在张德禄教授的多模态话语分析综合框架指导下的分析模式有一定的合理性，这一模式将从文化层面、语境层面、意义层面、形式层面、表达层面分别对豫酒文化多模态表达的原则和策略进行阐述。

结合河南省传统文化特色和历史发展脉络，笔者在本书第一章梳理总结出了能够代表豫酒文化内涵的统一阐释，并对主要的豫酒品牌在统一内涵表达的基础上，进行个性化的表达设计。也就是：豫酒文化统一表达就是"中"或者是其演化出来的四种理念（中通、中庸、中正、中和）或四种精神（厚重、包容、和谐、仁爱）。而河南省的主要豫酒品牌大概可以分为四个亚文化类型：①以仰韶酒、贾湖酒所体现的河南根亲文化；②以杜康酒、宝丰酒和五谷春酒为代表的起源文化；③以赊店酒、张弓酒、豫坡酒为代表的诚信文化；④以宋河酒、皇沟酒、寿酒、鸡公山酒为代表的和合文化。基于此，本书将采用多模态话语分析理论对特定豫酒文化宣传素材进行多模态话语分析，主要聚焦在多模态意义实现的文化层面、语境层面、意义层面、形式层面以及表达层面，研究文字、图像、声音等各模态在人际意义构建方面的优劣，以及各模态互相配合的效果，并通过对比分析结果探寻出一套有效构建人际关系且能实现传播效能的豫酒文化多模态创新表达策略。

1. 文化层面

根据上文提到的多模态话语分析综合框架，多模态语篇的文化层面的探讨显得尤为重要。它不仅涵盖了作为文化核心体现的意识形态，也包括了作为话语模式选择潜势的体裁，抑或称之为体裁结构潜势。上述理论框架为研究豫酒文化多模态表达的顶层设计提供了一个全新的视角。具体到豫酒文化多模态语篇的有效传播，研究者与设计者首先需要深入政府官方文件和河南丰富的历史文化内涵中，去发掘和定位豫酒文化对外宣传的顶层设计思路和原则。这是一个系统而复杂的过程，只有明确了豫酒文化的深刻内涵，才能为后续的各种宣传活动提供指导和潜在的动力。对于凝聚了中国传统文化精髓的河南豫酒文化，我们需要进行系统的阐释和传播。这不仅是对中国传统文化的传承，也是对世界文化的贡献。因此，豫酒文化多模态语篇宣传的顶层设计，应该突出中国传统文化的厚重与时尚现代精神的有机结合、历史与经济的融合，以及包罗万象的气韵和创新精神，豫酒文化多模态语篇的宣传还需要突出中原地区的人文特色和精神风貌。基于本书第一章的论述，其顶层设计可以简单地概括为"中"，或者"中通、中庸、中正、中和"这四个关键词。这四个关键词不仅体现了豫酒文化的独特魅力，也反映了中国传统文化的精髓和中国精神的内涵。文化层面主要决定豫酒文化外宣传播的顶层设计问题。笔者通过研究认为，河南是中原文化之根，豫酒文化蕴含了中原文化的全部特点，可视为中原文化象征。"中通、中庸、中正、中和"应作为豫酒文化外宣的主旨，并以此构建特色化的"豫酒"话语体系和特色化表达，进而在继承和发扬中原传统文化的基础上，提炼标识性概念，打造易于为全社会所理解和接受的豫酒文化多模态表述。"中"的核心表达内接中原文化核心内涵"中通、中庸、中正、中和"的理念，外接中原地域特征位居"天地之中"的独特区位优势。以此通过豫酒文化内涵的演绎和传播来展示中原"居天地之中"及"中庸和谐""仁爱礼仪"和"道法自然"的理念更易于全社会不同地域、不同民族，甚至不同国家的人们所接受，也更能凸显豫酒相对其他地域酒的区别性特征。

2. 语境层面

多模态话语分析理论指出，在进行多模态话语分析时，必须考虑到语境层面，这个层面主要由话语范围、话语基调以及话语方式这三个方面共同构成。这意味着，在进行多模态设计的过程中，我们需要深入思考和把握与特定主题相关的各类表意"信息"传递时所处的具体语境。其中包括了我们要面对的受众范围、表达信息的基调，以及表意的方式和方法等多个方面。

在进行"信息"传递时，我们需要遵循特定的交际模式，以实现对不同体裁的准确对应，这无疑对不同表达层面的配合提出了要求。这也就是说，我们需要在文字、图像、声音等多种模态之间建立起一种协调一致的关系，使得它们能够围绕一个统一的表述内核进行内容创建。

以 2021 年河南广播电视台拍摄的《唐宫夜宴》视频节目为例，该节目因其精致诙谐的舞蹈编排、雍容大气的高科技特效，以及圆润讨喜的"唐宫少女"

的形象，一经推出，就在国内观众中收获了高度的好评和认可，收获了很多粉丝，形成了传播效应。其影响力甚至扩散到了海外，这成为多模态话语构建实现特定人际功能的一个生动范例。相较于传统媒体的宣传效能，经过精心策划、各模态配合协调相适应的多模态作品的传播效能无疑能获得更好的传播效果。因此在语境层面，围绕豫酒文化多模态话语的外宣，就应该慎重考虑基于传播和宣传的特定实现目的，各类媒体或表意"信息"传递的具体语境是什么，即所面向不同的受众，尤其是外省乃至国际上不熟悉豫酒的受众的范围、表达信息的基调和表意的方式和方法等。基于此，豫酒文化的外宣工作要创新对外话语表达方式，尤其是要跳出传统宣传模式中"大而全"的所谓宏大叙事的局限。要学会用新颖的方式讲故事，把"讲故事"和"讲道理"融汇起来，把单一的文字表达和多模态新模态创新手段结合起来。在进行豫酒文化外宣时，设计者应该基于对豫酒文化的顶层设计的理解，在意义系统中进行模态选择，并事先明确在特定语场、语旨和语式的情况下，面对不同的受众特点和接受程度，综合考虑采用不同的表意方法、叙事方式和传播途径，确定哪些意义成分由文字表达比较好，哪些由图像表达比较好，哪些意义在某个模态中是前景化的，哪些只能是背景信息。

3. 意义层面

根据多模态话语分析综合框架，意义层面是由多个部分共同构建的话语意义，包括概念意义、人际意义以及谋篇意义。在这个过程中，语境层面的内容起到了决定性的作用，它直接影响着表意层面三大功能的实现，这三大功能包括传递"信息"的概念意义、构建媒体与受众关系的人际意义，以及组织"信息"表意逻辑的谋篇意义。豫酒文化的宣传，必然是多种媒体、多种手法的综合运用、融合表意。这些融媒体内容的分析和考虑，都要以多种表意模态，从形式上再现出来，要求不同模态的形式特征要互相关联、互相配合，共同来体现话语意义，实现交际意图。这就要求从事豫酒外宣研究的人，要具备多重审美能力，能够在同一主题下，充分运用声音、图像、构图、文字等表意工具，充分考量不同表意形式的优劣进行组合和设计。在这个过程中，设计者需要深入理解和研究多模态理论，明确各个层面和各个部分之间的关系和作用，以便更好地实现信息的传递和交流。同时，设计者也需要深入挖掘和理解特定豫酒文化的内涵和特点，以便更好地进行宣传和推广。

在明确了语境层面的内容后，讲好豫酒文化故事就需要通过具体的表意策略来传递"文化内涵"的概念意义，构建媒体与受众关系之间的人际意义，以及组织"信息"表意逻辑的谋篇意义，这必然涉及各模态再现意义时的特质和"信息"传递效果。各模态在传递信息时的特点分别是：首先，文字模态表意侧重展示话语和心理活动，它在构建概念功能上有独特优势，特别适用于展示豫酒文化的独特内涵。其次，图像模态表意能有效体现参与者的行为、环境、氛围等，因此更适合营造动态语境，增强与受众的交互，提升人际意义传播效能。最后，声音模态表意能够对文字信息进行补充和强化，起到渲染氛围、确定情感基调的效能。因此，通过分析特定豫酒文化外宣案例所涉及各种模态的信息值和意义实现过程，就能明确多个模态意义互相配合构建人际功能的合理性和有效性。

4. 形式层面

多模态话语分析理论，其核心在于通过不同的方式来实现意义的传达。其中语言的词汇语法系统，被视为最为传统和基础的传达方式。通过词汇和语法规则的组合，形成了丰富的语言表达形式，能够直观地把信息准确传递出去。除此之外，还有视觉性的表意形体，这主要指的是通过图像、颜色、布局等视觉元素来传达信息，例如广告设计、海报制作等。视觉语法系统，则是指这些视觉元素如何组合在一起，形成一种通用的、符合人们认知规则的表达方式。听觉性的表意形体和听觉语法系统则是通过声音来传达信息，比如语音、音乐、音效等，它们通过不同的声音组合和节奏，传递出特定的情感和意义。最后，触觉性的表意形体和触觉语法系统，则是通过触觉来传达信息，这在一些互动装置艺术中尤为常见，观众通过触摸来感受作品的质地、温度等。在豫酒文化的对外展示上，我们可以预见，这一定是一个涉及多媒体、多渠道、多方式的复杂过程。在这个过程中，各种表意模态需要形成一种配合关系，会形成互补关系和非互补关系，互补关系又可分为强化和非强化，强化又细分为突出、主次、扩充。非强化又细分为交叉、联合和协调。非互补关系包含交叠、内包和语境交互等。各模态互相作用，通过设计者的选择，共同作用来提升传达效果。例如，在介绍豫酒的历史和文化时，可以通过文字来阐述，通过图像来展示，通过视频来播放，通过实物来体验，通过声音来渲染，通过触觉来感受，这样，观众就能从多个角度、多个层面去理解和感受豫酒文化。

5. 表达层面

多模态理论在表达层面的含义指的是信息传递的最终载体，即话语所依托的物质形态是什么，这涵盖了语言性与非语言性两大范畴。在语言性范畴内，又可以细分为纯语言形式和伴随语言形式两种。纯语言形式指的是以文字和口语为主要载体的信息表达，其涉及的范围广泛，包含了针对不同文化和区域对河南豫酒文化内涵的差异性理解，以及相应语言文字的翻译问题。其中又分为两个主要类别：一是这些豫酒宣传的多模态语篇内的语言设计，主要是汉语的表达技巧、语言的及物性特点及人际意义功能实现等；二是对河南豫酒文化的外语翻译和表达，主要是作为世界多数国家的通用语言的英语，当然随着河南经济的国际化发展，可能也会包括一些小语种的语言翻译问题，如针对"一带一路"倡议沿线的国家。而非语言性的展示则是在当前信息传播环境下，多种感官模态的综合运用，如图像、声音、动作等。在媒体表达层面，传统的外宣模式，一般都会采用主流媒体手段，用品牌宣传片、广告片或纪录片来宣传，比如《唐宫夜宴》这样的作品就采用电视台春晚的这个传统媒体平台来传递信息。而当下比较流行的自媒体则更多利用移动互联网平台，如快手、抖音等App，通过短视频、段子等形式实现快速传播，形成网红的聚拢效应。如河南卫视的《洛神赋》就是通过抖音这样的短视频平台来触及观众，从而迅速走红的。在这些不同的媒体表达层面，笔者经过深入研究，认为在河南豫酒文化的对外宣传效果上，语言类的传播方式相较于非语言类的传播方式，其效能要低得多。这种效能的差异，一方面是由于语言文字在信息传递过程中，其信息和情感的表达往往会出现能量衰减和表意不足的问题；另一方面也源于语言本身在传播过程中存在的局限性。因此，笔者建议豫酒传播，尤其是国际化传播时，应当加强对非语言类传播方式的使用，提升其传播力度和广度，以期更有效地传播河南豫酒文化的丰富内涵。在豫酒文化外宣传播中，所有表意方式都会对特定社会现实和心理具备复制映射作用，从而为观众重新构建豫酒文化内涵创造条件。通过协调统一的多模态意义配合和互补，可以使豫酒文化传播的文字意义、画面意义、隐含意义、语境意义得到同步调整、整体呈现。因此，在具体的豫酒文化外宣设计中，可以通过不同文化对比，以多模态符号的互动性设计来主动激发观众的认知心理，而在具体模态中采用类比或异化的再现形式，创造出文化类比中的相似性，创造出以"特定文化群体受众"的视角为核心看待豫酒文化，进而构建全新的"和谐"豫酒文化传播宣传模式。

　　本书的下一章，笔者将以河南省比较有名的三大豫酒品牌仰韶酒、杜康酒和宝丰酒的品牌宣传片为案例进行多模态话语分析研究。笔者将通过宣传片的解析具体阐释豫酒文化的多模态外宣应该如何设计，各个部分表意系统应如何配合，以及这种设计方式的优劣。通过这些案例分析，笔者试图证明多模态话语分析理论在豫酒文化推广和品牌建设中能够发挥的重要作用。就豫酒文化外宣的多模态话语分析研究而言，可明确三大类可以分析的模态类型：文字、图像和声音。笔者将针对特定豫酒文化外宣案例，按照多模态话语分析综合框架给出的方法论和技术路线，对案例进行模态分解，并分别进行梳理和分析。基于各模态的表意语法系统，分析在具体案例中，这些表意符号实现意义效果的差异性和各表意形式之间互补性功能的实现效果，总结优劣，探究得出比较合理的豫酒文化多模态表意互补原则。

　　多模态话语分析的实践应用在豫酒文化中具有重要意义。通过对不同表达模态的分析和整合，可以帮助豫酒品牌更好地传达其核心价值观和文化特点，从而塑造品牌形象，提高品牌认知度和影响力。在实践应用中，多模态话语分析可以帮助豫酒品牌设计合适的形象和包装，以吸引目标消费者群体的注意和兴趣。通过研究不同视觉元素和声音元素的组合使用方式，豫酒品牌可以打造出更具有辨识度和吸引力的形象和包装设计，从而在市场竞争中脱颖而出。此外，多模态话语分析还可以帮助豫酒品牌在广告和宣传活动中选取合适的媒体渠道和语言风格。通过研究不同媒体的特点和受众群体的偏好，豫酒品牌可

以选择合适的媒体平台和表达方式，有效地传递品牌价值观和文化内涵，提高广告传播的效果。总之，多模态话语分析的理论和实践应用对于豫酒文化的创新表达具有重要意义。通过深入探索豫酒文化中不同模态的互动和整合，我们可以更好地理解和传达豫酒的文化内涵，为豫酒品牌的创新发展提供有力的支持。

第三章　豫酒文化推广影响因素调查

在当前这个信息化飞速发展的互联网时代，市场竞争的激烈程度已经达到了前所未有的白热化阶段。每一个行业，无论是传统的实体产业还是新兴的互联网企业，都面临着严峻的挑战和激烈的竞争。各企业之间为了争夺有限的资源、市场份额以及消费者的关注，纷纷使出浑身解数，不断推出创新的产品和服务，以期在激烈的市场竞争中脱颖而出，保持自身的领先地位。这种竞争不仅仅体现在价格战和促销活动中，更关键的是在于技术创新、客户体验、品牌建设以及供应链管理等多个层面的综合竞争。因此，身处其中的企业必须具备敏锐的市场洞察能力、灵活的战略调整机制以及持续的创新动力，才能在这场互联网时代的市场竞争中立足并发展壮大。企业在产品经营和文化赋能过程中，需要精准捕捉当前消费者的心理，必须深度掌握并融合各种传播渠道，开展一体化营销策略。其核心在于特色化的"品牌故事"讲述，尤其需要深挖品牌的文化底蕴。

豫酒企业要讲好豫酒背后的精彩故事，升华其文化价值，为豫酒品牌注入更丰富的文化内涵，以实现豫酒的全面振兴，就需要洞察豫酒产业未来的演变趋势，构建一个既负责任又充满文化内涵的品牌形象。要通过多元化的传播手段，吸引更多目光聚焦于豫酒品牌，深入领略其独特的文化魅力。在新媒体和自媒体蓬勃发展的今天，消费者的自主意识日益增强，他们在消费决策中越来越注重理性分析。传统广告和宣传方式已不再是他们获取信息的唯一途径，消费者会从多角度、全方位地收集信息，并高度重视其他消费者的评价，及口碑宣传效应。品牌形象传播的重点已经从单纯的"知名度"和"美誉度"转向了"和谐度"，即品牌在公众心目中的整体印象和感受。

因此，在深入推广豫酒文化的过程中，我们必须精确识别出当前面临的核心挑战和问题所在，同时，也需要制定有效的策略来弥补这些不足并推动文化的提升。为了达到这一目标，细致入微的市场调研是必不可少的。其中就包括但不限于收集关于消费者对豫酒、豫酒文化以及相关消费习惯的原始看法和态度，这些信息将为我们提供重要的参考依据，以便我们能够提出针对性的解决方案，确保我们的努力能够精准地命中问题关键，并取得预期的效果。

鉴于此，笔者设计了一份"豫酒文化传播和外宣影响因素"调查问卷，目的是收集关于豫酒文化宣传效果的直接影响因素的实证数据。通过这份问卷调查，笔者希望能够收集到关于消费者偏好、文化认知、品牌形象等多方面的第一手资料，这些数据资料将提供宝贵的第一手信息支持，以指导豫酒文化的推广活动，确保豫酒文化推广的策略和措施能够更加精准地对接市场需求，从而有效推动豫酒文化的广泛传播和深入人心。

第一节　调查问卷的设计和抽样

1. 调查目的和研究问题设定

本调查的目的在于深入地探究和理解影响豫酒文化推广的各种因素，以便能够为豫酒产业的持续性和健康发展提供有力的数据支持和有益的建议。在设计这份调查问卷时，笔者考虑了多方面的因素，并致力于全方位地审视和分析那些可能对豫酒文化推广产生重大影响的关键性因素。其中包括了消费者对于豫酒这一品牌的接受程度和认可度，以及他们在消费过程中的满意度；同时也涉及了豫酒推广渠道的实际效果，如推广活动的吸引力、传播力以及影响力；此外，笔者在问卷设计中还重点关注了豫酒品牌的形象塑造问题，包括品牌的历史文化底蕴、市场定位以及品牌传播的策略和手段。笔者希望通过这份调查问卷，能够全面、深入地了解这些因素对豫酒文化推广的效果和影响，从而为豫酒产业的未来发展提供有力的决策依据和参考意见。

2. 问卷设计和样本选择

一份翔实的调查问卷需要考虑多个维度，包括受访者的背景信息、对豫酒文化的认知程度、传播渠道的偏好、外宣策略的评价等。本问卷共设计了20道题，包括四个部分。第一部分是了解受访者基本信息；第二部分是了解受访者对豫酒文化的认知；第三部分是了解受访者对豫酒传播渠道与外宣策略的观点；第四部分是了解受访者就推广或购买豫酒的个人态度与行为。其中问卷设计的选题主要集中在了解受访者对豫酒文化的认知程度、对豫酒文化的影响因素以及推广方式等方面的看法和态度上面。本问卷调查涵盖了受访者的基本信息、对豫酒文化的了解程度、豫酒文化对个人的影响、推广方式的评价、购买决策影响因素等多个方面，了解内容比较全面。本问卷通过微信小程序"问卷星"进行发布，总共发布时间为一周。从实际情况来看，发布前两天回收答卷最多，从第四天后基本没有再收到答卷回复，笔者姑且认为达到收集问卷的上限，最终本次问卷调查共收集了答卷113份，涵盖了不同年龄、职业和性别的受访者的观点，可较为全面地了解公众对豫酒文化的认知和态度，具有一定的代表性和可信性。下面通过对答卷数据的分析，笔者将尝试较为清晰地描述受访者对豫酒文化的认知和态度，并在随后篇章为豫酒文化的进一步推广和发展提供有益的建议和方向。

根据这份较为详尽的调查问卷数据反馈，我们可以清晰地观察到参与者的性别分布情况。在参与调查的113个受访者中，女性的参与比例稍高于男性，但男女比例相差不大，基本能形成代表性，如图3-1所示。在年龄构成中，"18~25岁"这一年龄段的参与者占据了显著的38.94%，成为最大的群体。这是由于笔者职业是教师，参与调查的学生群体比较多，紧随其后的

是"36~45 岁"的年龄段，他们的占比达到 26.55%，而"26~35 岁"与
"46 岁以上"的年龄段分别占了 17.7%和 16.81%的比例，尽管相对较少，
但同样具有一定的代表性，如图 3-2 所示。"18 岁以下"的年龄段在调查中
并未有记录，这可能意味着这个年龄段的人群并非本次调查的主要目标群
体。从总体上看，年龄在 18~45 岁之间的调查对象占据了绝大多数，他们
构成了本次调查的主力军，而这个年龄段的人群也是现在豫酒消费和未来潜
在豫酒消费的主力军，由他们提供的建议和答案，是具有代表性和真实性
的。根据问卷结果，被调查者的职业选择中选择"其他"的人数最多，占
比 30.97%，其次是"学生"和"公司职员"，分别占比 20.35%和 19.47%，
而"公务员"和"自由职业者"的比例分别为 16.81%和 14.16%，如图 3-
3 所示。同样，这一年龄段和职业的广泛分布也说明了本次调查问卷在发放
时，注意到了问卷采样的多样性和全面性。

图 3-1　受访者性别比例

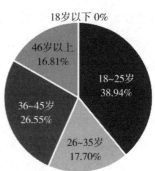

图 3-2　受访者年龄分布

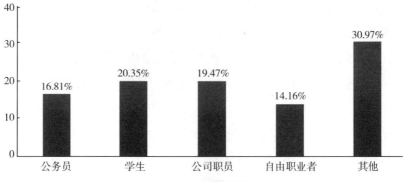

图 3-3　受访者职业分布

根据问卷调查的结果，在参与调查的 113 人中，从受访人群所显示的 IP 地址分布可以看出，受访者中 85.96% 都是河南本地人，如图 3-4 所示。而全部受访者中有 14.16% 的人"非常熟悉"豫酒文化，40.71% 的人"一般熟悉"豫酒文化，45.13% 的人"不了解"豫酒文化，如图 3-5 所示。可以看出大部分人对豫酒文化并不了解，有一部分人对其有一定了解，而只有少数人非常熟悉。河南本地人却不了解或一般了解豫酒文化，可见豫酒文化的推广和传播存在不小的问题，任重而道远，也说明本课题研究的现实意义和紧迫性。

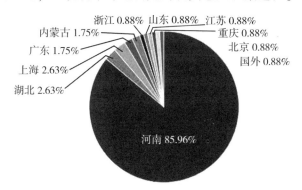

图 3-4　受访者地域分布

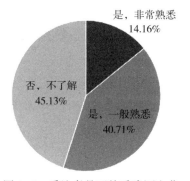

图 3-5　受访者是否熟悉豫酒文化

　　根据问卷调查的结果，受访者中有 33.63% 通过"亲友介绍"了解或接触过豫酒文化，29.2% 通过"网络媒体"，24.78% 通过"电视广告"，16.81% 通过"其他"渠道，7.08% 通过"参加相关活动或展览"，4.42% 通过"电台广播"，1.77% 通过"报纸杂志"，如图 3-6 所示。可以看出，受访者了解豫酒文化最主要的渠道是"亲友介绍"，"网络媒体"和"电视广告"次之，其他渠道相对较少。"亲友介绍"占比最高，主要是因为豫酒作为重要的社交饮品，无论家庭聚会还是好友聚餐，均会涉及，主要依靠口碑相传符合实际情况。从传播方式上来看，建议豫酒企业需要高度关注的传播方式是"网络媒体"和"电视广告"，因为这两种传播方式分别占到29.2%和24.78%，合计超过一半，而这两种方式都需要相关豫酒企业对豫酒文化采用"多模态话语"的方式进行传播和推广，这也回答了本课题研究为什么要聚焦于豫酒文化多模态创新表达，这是目前豫酒文化传播的主要手段和载体。

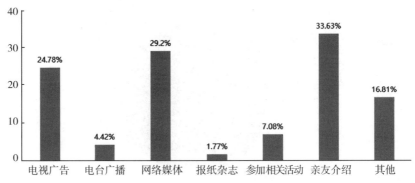

图 3-6 受访者了解豫酒文化的渠道

　　根据问卷调查的结果，对豫酒文化有兴趣的受访者，主要分布在"稍有兴趣但不深入了解"和"比较感兴趣主动了解"这两个层面上，分别占据了总调查人数的64.6%和13.27%。这表明，大多数受访者对豫酒文化抱有一定的好奇心，但尚未达到深入研究和学习的程度。与此同时，对豫酒文化"完全不感兴趣"的受访者比例较少，所占比例仅为16.81%。然而，那些对豫酒文化"非常感兴趣，积极推广和传播"的受访者占比最低，仅为5.32%，如图3-7所示。综合分析这些数据，我们可以看出，当前消费者对豫酒文化普遍兴趣平平，大多数人停留在初步了解和关注的层面，并未主动去推广和传播这一文化。这一现象提示我们，河南豫酒企业在文化宣传和推广方面仍有很大的提升空间。目前，豫酒企业对文化的传播力度有限，营销策略较为单一，未能形成强大的聚拢效应，从而在较大程度上限制了豫酒文化的传播和推广。因此，为了进一步提高豫酒文化的知名度和影响力，企业需要不断创新宣传方式，拓宽营销渠道，以吸引更多消费者关注和了解豫酒文化。同时，也要注重培养消费者的文化认同感，激发他们主动传播和推广的热情，从而推动豫酒文化的传承和发展。

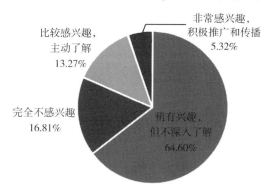

图 3-7　豫酒文化对受访者的影响程度

　　根据问卷调查的结果，在参与调查受访者中，有 68.14% 的受访者认为豫酒文化目前 "知名度不高，缺乏曝光机会"。此外，超过半数的受访者，即 53.1%，指出 "推广渠道有限，到达范围狭窄" 是限制其发展的一个重要因素。有 46.02% 的受访者指出豫酒文化在外宣工作中 "缺乏豫酒的统一表达和分众化表达"，这也是一个不容忽视的问题。同时，有 45.13% 的受访者认为 "豫酒品质与口感未得到充分展示" 亦是限制豫酒文化推广的重要因素，表明了豫酒品质在消费者心中的地位。有 38.94% 的受访者认为豫酒文化的 "宣传方式过于单一，缺乏创新与差异化"，如图 3-8 所示。综上所述，为了提高豫酒的整体知名度，笔者认为必须着手解决以下三个关键问题：首先，需要拓宽推广渠道，不仅要利用传统媒体，还要积极拥抱新媒体，充分利用网络平台和社交媒体的

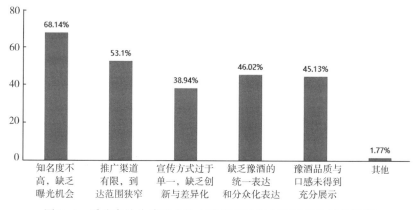

图 3-8　受访者认为豫酒文化在推广和外宣方面亟待改进的问题

力量；其次，必须形成一套统一而又富有特色的表达方式，同时针对不同受众群体进行分众宣传，以增强传播的精准性和有效性；最后，豫酒还需要不断加强自身的内涵建设，通过提升产品质量、丰富文化内涵以及优化品牌形象，从而在竞争激烈的酒类市场中脱颖而出，赢得更多消费者的认可和喜爱。

根据问卷调查的结果，在哪些因素可以更好地推动豫酒文化传播和外宣的选项中，"讲好豫酒故事和提升豫酒文化价值"获得了最高的比例，具体数值高达73.45%。这一结果清晰地表明，在受访群体中，大多数人认为通过讲述引人入胜的故事和提升文化价值是推动豫酒文化传播和对外宣传的关键因素，具有较强的影响力。紧随其后的是"社交媒体平台的传播效应"，其占比为69.03%。这一结果再次强调了社交媒体在文化传播过程中的重要作用，无论是在提升知名度还是在推动文化传播方面，社交媒体都有着不容忽视的影响力。此外，"口碑和个人推荐"（61.06%）以及"举办文化节庆、活动或赛事"（52.21%）也被广大受访者认为是对豫酒文化传播影响较大的因素。这揭示了人们在文化传播过程中，更加倾向于信任来自亲朋好友的评价和推荐，同时也说明了文化节庆、活动或赛事等在文化传播中扮演的重要角色。而"政府支持与投资"（39.82%）和"线下推广活动"（35.4%）虽然占比相对较低，但仍然表明了政府在文化传播中的引导作用以及线下推广活动在推动文化传播方面的实际效果。最后，"其他"因素占比仅为0.88%，这表明在豫酒文化传播过程中，这些因素的影响相对较小，不被大多数受访者所关注，如图3-9所示。

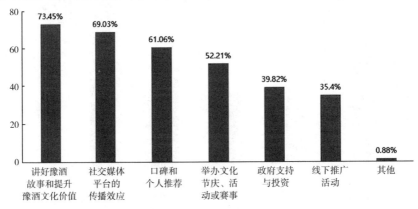

图3-9 受访者认为对豫酒文化传播和外宣影响较大的因素

然而，这并不意味着这些因素在实际操作中毫无价值，可能需要在未来的工作中进一步深入研究和挖掘。

　　根据问卷调查的结果，在被问及对豫酒文化在河南市场推广中最大的障碍有何看法这个问题时，"消费者对豫酒文化没有认知或认知较弱"被选为最大的障碍，占比 47.79%，如图 3-10 所示。这表明在河南市场推广中，豫酒文化的推广需要重点解决消费者对豫酒文化的认知问题，提升消费者对豫酒文化的了解和认可度。

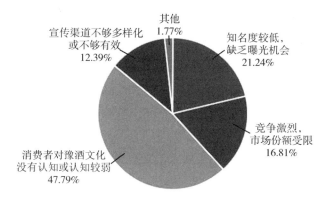

图 3-10　受访者对豫酒文化在河南市场推广中最大的障碍的看法

　　根据问卷调查的结果，受访者认为可以更好推广豫酒文化的因素中，得分最高的是"豫酒文化和中原文化结合，打造豫酒品牌力"，占比达到 67.26%。其次是"媒体宣传和广告力度"和"豫酒产品质量与口感"，分别占比 53.98% 和 43.36%。在较低的得分中，"线上社交媒体推广"和"有效的市场营销策

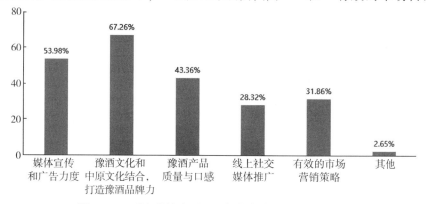

图 3-11　受访者认为可以更好推广豫酒文化的因素

略"分别占比28.32%和31.86%。其他因素得分最低，仅为2.65%，如图3-11所示。综合分析，笔者认为，为了更好推广豫酒文化，应该重点关注豫酒文化与中原文化的结合和品牌力的打造，同时加大媒体宣传和广告力度，以及提升豫酒产品的质量与口感。此外，线上社交媒体推广和市场营销策略也应该在推广中得到适当关注和加强。

根据问卷调查的结果，当被问及时下热门话题——对中原文化与豫酒的结合有何看法时，绝大多数受访者的观点倾向非常明显。具体来说，约84.07%的受访者相信，"中原文化与豫酒的结合能够提升豫酒的独特性和市场竞争力"。这部分受访者可能认为，这种文化的融合将为豫酒注入新的活力，使其在琳琅满目的酒类产品中脱颖而出，赢得更多消费者的青睐。另一方面，仅有7.08%的受访者认为，"中原文化与豫酒的结合对豫酒推广影响不大"。这部分受访者可能认为，文化因素对于消费者的购买决策影响有限，或者豫酒的市场表现更多取决于其他因素，如品质、价格、营销策略等。此外，还有8.85%的受访者选择了"不确定或无意见"的选项，如图3-12所示。这可能意味着这部分受访者对于中原文化与豫酒结合的潜在效果尚未形成明确的看法，或者他们对于这一问题缺乏足够的了解。综上所述，尽管存在不同的观点，但主流意见明确倾向于认为，中原文化与豫酒的结合将为豫酒带来积极的影响，增强其在市场中的竞争力和吸引力。这一结果表明，在当前的市场环境下，将地方文化融入产品特性之中，是一个值得探索和尝试的策略路径。

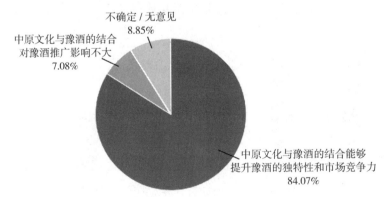

图3-12 受访者对中原文化与豫酒结合的看法

根据问卷调查的结果，在针对豫酒产品信息获取或购买途径的偏好选择上，受访者普遍显示出了对于"实体店铺购买"方式的较大偏好，这一比例高达45.13%。紧随其后的是"线上购买"，占比为33.63%。而依赖于"亲友推荐"来购买豫酒产品的比例为19.47%，也占有一定比重。至于"其他"较为边缘的购买途径，其占比仅为1.77%，显然不是主流的选择，如图3-13所示。由此可见，在获取豫酒产品信息以及进行购买决策时，大多数受访者仍然倾向于传统的实体店铺购物方式。

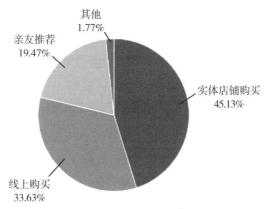

图3-13　受访者如何获取豫酒产品信息或购买豫酒

　　根据问卷调查的结果，影响受访者购买豫酒的各种因素中，最主要的有以下几点：首先是"豫酒品牌知名度和感染力"，这一影响因素占比为68.14%；其次是"豫酒的价格和性价比"，这也是受访者非常关注的一个方面，其占比达到了61.95%；再者，"朋友、亲戚或同事的推荐"也会对受访者的购买决策

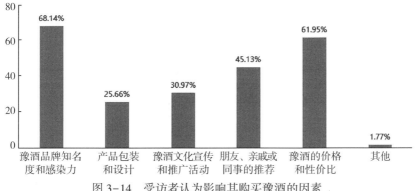

图3-14　受访者认为影响其购买豫酒的因素

产生较大的影响，其占比为 45.13%；"豫酒文化宣传和推广活动"也会在一定程度上影响受访者的购买决策，其占比为 30.97%；最后，"产品包装和设计"也是受访者考虑的因素之一，其占比为 25.66%，如图 3-14 所示。总的来说，"豫酒品牌知名度和感染力"以及"豫酒的价格和性价比"是影响受访者购买决策的两个最为重要的因素。

根据问卷调查的结果，受访者在选择能够吸引他们注意力的宣传方式时，他们最偏好的是"豫酒文化故事和历史背景介绍"的方式，这一方式所占的比重高达 53.98%。这表明，人们对于豫酒的文化故事和历史背景有着浓厚的兴趣和好奇心。而在其他宣传方式中，占比第二高的是具有"独特的创意与设计"的方式，这一方式占比为 23.89%，表明人们同样欣赏那些在宣传中展现出来的独到见解和创意。此外，将豫酒文化"和当代流行元素结合的宣传形式"也受到了一定的欢迎，占比为 15.93%。然而，对于主要依赖于"图片和视觉效果的精美程度"的宣传方式，以及"其他"的宣传方式，受访者的偏好程度相对较低，分别仅为 3.54% 和 2.66%，如图 3-15 所示。这可能意味着，虽然图片和视觉效果的精美程度在某些情况下也是重要的，但在引发人们对于豫酒文化的兴趣方面，它们并不是最为关键的因素。因此，基于以上的分析，我们可以得出结论，如果想要更有效地吸引消费者的注意力，那么在宣传策略中更多地融入"豫酒文化故事和历史背景介绍"可能会是一个明智的选择。这样的策略不仅能够满足消费者对于豫酒文化的好奇心和兴趣，同时也有可能提升他们对豫酒的认同感和忠诚度。

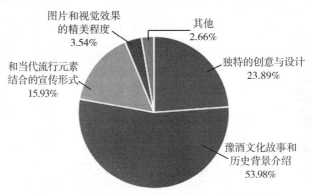

图 3-15　受访者认为有效宣传豫酒文化的因素

根据问卷调查的结果，在关于豫酒文化宣传对于消费者购买决策影响的问题中，有48.67%的受访者认为，豫酒文化宣传对他们理解豫酒的历史、风格和特点起到了正面推动作用，这种宣传激发了他们对豫酒的好奇心和购买欲望。紧随其后，有46.02%的受访者认为，豫酒文化宣传加深了他们对豫酒品牌的印象，增强了他们对品牌的信赖度，从而提升了他们购买豫酒的意愿。而持相反意见的受访者只占很小的一部分，仅有5.31%，他们认为豫酒的文化宣传并未对他们的购买行为产生任何形式的推动或影响，如图3-16所示。基于这些调查数据，我们可以明确地得出这样一个结论：豫酒文化宣传在增强消费者对产品的认知和提升品牌信任度方面，发挥了极其重要的作用，这对于促进消费者购买豫酒产品具有明显的正面效果。

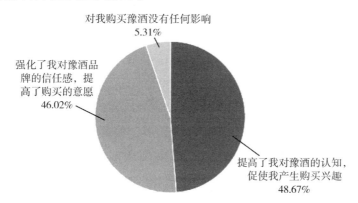

图3-16　受访者认为豫酒文化宣传的效果

根据问卷调查的结果，在哪种宣传方式最能提升豫酒的影响力和知名度的问题上，49.56%的受访者认为，将"豫酒与中原文化结合，走文旅融合之路"，无疑是提升豫酒品牌形象和影响力的最为有效的宣传手段。紧随其后的是综合运用多种宣传策略，这一方式获得了21.24%的受访者投票支持。而那些倾向于"在媒体上进行规模较大的广告投放"的受访者占据了15.93%。值得注意的是，通过"让知名人士或明星代言"以及"参与相关活动和展览"来提升品牌知名度的方式，得到的认同比例相对较低，分别为8.85%和4.42%，如图3-17所示。基于这些调研数据，豫酒品牌在制定宣传策略时，应当考虑将中原文化的独特元素融入品牌宣传中，并以此作为核心的宣传策略，与此同时，也应适

度投资于广告宣传，并综合运用其他多种宣传手段，以期达到最佳的宣传效果。

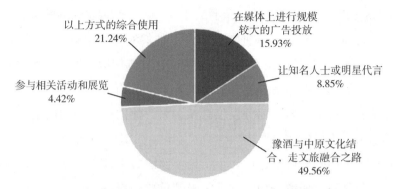

图 3-17 受访者认为最能提升豫酒的影响力和知名度的方式

根据问卷调查的结果，在关于何种宣传方式更能激发他们购买豫酒的意愿的问题中，受访者普遍倾向于那些能够揭示"豫酒文化的故事和品牌魅力"的宣传方式，这一类的宣传方式获得了 34.51% 的偏好率。紧随其后的是那些能够提供"对产品的专业评价和介绍"的宣传活动，这一部分人群占比为 27.43%。而选择认为"以上方式的综合宣传"手法最为有效的比例为 30.09%，表明了多样化的宣传策略同样受到了一定程度的认可。相对而言，依赖"推荐豫酒品牌的明星或名人"的宣传方式，在所有选项中受欢迎程度最低，仅获得了7.97% 的占比，如图 3-18 所示。基于这些调查数据，我们可以明确指出，豫酒品牌在制定宣传策略时，应当优先考虑如何更好地展现豫酒背后的丰富文化和品牌的独特魅力，这样可以更有效地抓住消费者的注意力，从而激发他们的购买欲望。

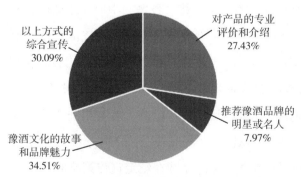

图 3-18 受访者认为促使其购买豫酒的因素

根据问卷调查的结果，在关于何种途径能更有效地将豫酒品牌与河南省丰富多彩的地方文化相结合，进而提升宣传效果的问题上，受访者普遍倾向于"举办具有河南文化特色的豫酒品鉴活动"，该选项以 74.34% 的得票率遥遥领先；紧随其后的是"利用河南地方文化元素进行产品包装和设计"，以及"在传统节日或地区文化活动中进行豫酒的展示与推广"，它们的得票率分别为 64.6% 和 62.83%，如图 3-19 所示。由此可知，从问卷收集的数据分析，举办充满河南文化特色的豫酒品鉴活动无疑是将豫酒品牌与河南省地方文化融合宣传推广的最优选择。

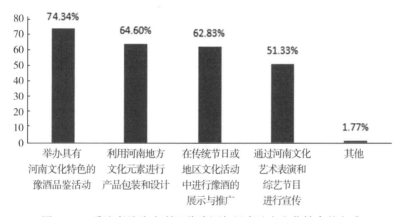

图 3-19　受访者认为有利于将豫酒与河南地方文化结合的方式

在关于中原文化与豫酒结合是否能够促进豫酒销售业绩的问题上，根据问卷调查的结果，绝大多数人，即 79.65% 的受访者认为这种结合"可以提升销量"。他们认为，通过将中原地区丰富的历史文化元素与豫酒的品牌形象相结合，能够吸引更多消费者的兴趣，从而增强他们的购买欲望，最终实现销量的增长。还有 16.81% 的受访者表示他们对此问题"不确定"，还需进一步地了解和考虑，没有给出明确的肯定或否定的答案。这可能是因为他们对豫酒与中原文化结合的潜在效果还不太了解，或者他们认为需要更多的市场数据来支持任何结论。只有极少数人，占比 3.54%，"不认同"将中原文化与豫酒结合会对豫酒的销量产生显著的影响，如图 3-20 所示。这些受访者可能认为文化因素对消费者的购买决策影响有限，或者他们持有一种保守的观点，认为豫酒现有的销售模式已经足够有效，无需额外的文化融合。从调查数据来看，大多数受访者对于中原文化与豫酒结合提升销量的可能性持积极乐观的态度，这一策略似乎值得进一步的探索和实践。

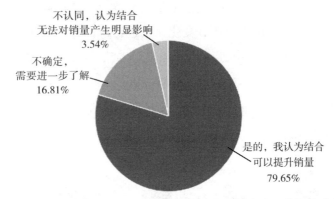

不认同，认为结合
无法对销量产生明显影响
3.54%

不确定，
需要进一步了解
16.81%

是的，我认为结合
可以提升销量
79.65%

图 3-20　受访者对中原文化与豫酒结合是否能提高豫酒销量的看法

关于豫酒文化在未来的传播和发展中应重点关注哪些方面的问题，根据问卷调查的结果，绝大多数受访者认为"提升豫酒产品质量"是至关重要的，占比达到了 82.3%。这表明，豫酒要想在未来的市场竞争中脱颖而出，就必须以产品质量为基础，不断提高自身的品质。认为"增强豫酒文化品牌宣传，讲好豫酒故事"是关键的受访者，占比高达 76.11%。这意味着，豫酒需要在传播自身文化的同时，注重品牌形象的塑造，通过讲述豫酒的故事，让更多的人了解和接受豫酒文化。认为需要将"豫酒文化和旅游融合，多元化发展"的受访者占比达到了 60.18%。这说明，豫酒需要在传播自身文化的同时，注重与旅游产业的融合，通过多元化的发展方式，提升豫酒文化的吸引力。54.87% 的受访者认为需要"创新营销方式"，这表明，豫酒需要在营销策略上进行创新，以适应不断变化的市场环境。而相对而言，只有 38.94% 的受访者提到需要"扩大国际影响力"，这可能是因为相较于国内市场，豫酒在国际市场的知名度和影响力还有待提高，如图 3-21 所示。根据受访者的反馈，可以看到未来豫酒文化的发展应重点关注产品质量提升、品牌宣传、文化与旅游融合以及创新营销方式。这些方面的问题，是豫酒在未来的传播和发展中必须面对和解决的。只有这样，豫酒才能在激烈的市场竞争中立于不败之地，实现可持续发展。

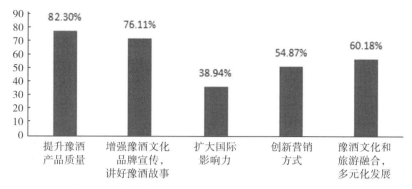

图 3-21　受访者认为豫酒文化宣传未来需关注的因素

根据对问卷调查结果的统计分析，本研究可以得出以下结论：

第一，我们必须深刻认识到豫酒文化在当前的传播和开发过程中，确实存在一些问题和不足之处。豫酒文化的品牌影响力尚未真正形成，这在河南的酒类市场上表现得尤为明显。由于缺乏足够的知名度和影响力，豫酒在市场竞争中处于相对劣势的地位，这对豫酒的品牌影响力扩大和销量提升产生了一定的制约作用。因此，为了改变这种局面，我们需要社会各界和豫酒企业共同努力，去推动豫酒文化的传播和宣传。这不仅需要我们投入更多的人力、物力，还需要我们采取更加有效的策略和措施。只有这样，才能真正提升豫酒的品牌影响力，推动豫酒产业的发展。

第二，我们必须深刻认识到，在当前阶段，豫酒文化的普及与推广，主要是通过电视和网络这两种媒介进行。这两种传播方式都极大地依赖于短视频，也就是我们常说的"多模态话语"的创新和设计。因此，在豫酒文化的宣传和推广过程中，如何构建和创新多模态的话语内容，就成为豫酒对外宣传的重要手段和策略。豫酒企业应当高度重视自身酒文化的顶层设计，这是构建豫酒品牌形象、提升豫酒品牌价值的关键。企业需要从战略的高度，对豫酒的文化进行深入挖掘和研究，以此为基础，构建出具有合理结构、科学内涵和独特文化品位的豫酒产品线。同时，豫酒企业还应当注重豫酒品牌宣传视频的制作，通过精心设计的内容和形式，将豫酒的文化内涵和品牌价值传递给消费者。在电视和网络空间大力投放，是豫酒企业宣传和推广的重要手段。通过大范围的投放，可以提高豫酒品牌的知名度和美誉度，让更多的消费者了解和认可豫酒文化。同时，豫酒企业还应当善于利用短视频等新媒体形式，通过创新的多模态话语内容，吸引更多的消费者关注豫酒，从而推动豫酒市场的发展和壮大。

第三，我们需要对豫酒进行有效的宣传，以提高其在全国乃至全球的影响力。在内容创新方面，关键在于讲述豫酒的故事，让更多的人了解并感受到豫酒的魅力和独特之处。通过故事性的表达方式，我们可以增强豫酒的感染力和软实力，从而提升其文化价值。在这个过程中，我们需要将豫酒文化与中原文化紧密结合，因为文化是一个地区的精神支柱，也是豫酒的核心竞争力。我们可以通过宣传豫酒，达到宣传中原文化的目的，同时，也可以借助文化的宣传效应，为豫酒产品背书和加持。因此，如何找到适合自身酒文化的故事线、产品线、品牌线，是每个豫酒企业需要深入思考和探索的核心问题。这不仅需要对豫酒的历史、文化、酿造工艺等方面有深入的了解，还需要有创新思维和营销策略，以适应不断变化的市场需求和消费者口味。

第四，我们急需在宣传方式上进行深度创新。这不仅仅包括对传播内容的精心设计，还应该包括举办一系列具有河南文化特色的豫酒品鉴活动。通过这些活动，我们可以充分利用河南丰富的地方文化元素，以此来对产品进行包装和设计。这样的做法，不仅能够让我们的豫酒产品更具特色，也能够更好地将豫酒与河南地方文化相结合，从而在宣传推广上取得更好的效果。

第五，根据详尽的调研反馈，我们发现豫酒品牌在市场上的知名度和影响力、豫酒的价格定位和性价比，是消费者在做出购买选择时最为关注的重点因素。除了之前提及的文化赋能所带来的软实力之外，我们还观察到豫酒企业需要在内涵建设方面做出加强。企业需要持续在酿造工艺上进行创新和改进，以秉持工匠精神的态度严谨地酿制每一瓶好酒，从而不断提升消费者在品饮过程中的满足感和幸福感。豫酒企业需要进一步地转变传统的市场营销观念，对实体店和专卖店进行精心设计，将其打造成为集产品销售、休闲娱乐以及消费者互动体验于一体的综合体验中心。通过这种模式，不仅能够提升消费者的购物体验，还能加深他们对豫酒文化的理解和认同。同时，企业还需改变原有的服务模式，通过增强豫酒文化相关的周边产品的销售和服务，来丰富消费者的购物选择，从而在根本上优化营销模式、宣传模式以及服务模式，使其更加符合现代消费者的需求和期待。

第六，我们在推广和发扬豫酒文化方面，应当将重点放在提高产品质量、加大品牌宣传力度、创新营销方式等多个环节上，与此同时，我们还应当关注豫酒文化与旅游产业的深度结合，积极探索多元化的发展路径。我们要通过不断提升产品质量，让消费者在品尝豫酒时，能够感受到独特的地域文化和深厚的酒文化底蕴；通过加大品牌宣传力度，让更多的人了解和认可豫酒文化，提升豫酒品牌在国内外市场的知名度和影响力；通过创新营销方式，积极探索线上线下相结合的销售模式，满足消费者的多元化需求。同时，我们还应当充分利用豫酒文化的独特魅力，将其与旅游产业相结合，开发出一批具有豫酒文化特色的旅游产品和线路，吸引更多的游客前来体验和感受豫酒文化的魅力，推动豫酒文化的传播和发展。总的来说，豫酒文化在推广和传播过程中，需要我们加大品牌宣传力度，提升知名度，结合中原文化打造独特性，举办具有河南特色的活动，同时，也要注重产品质量和价格竞争力，以此来吸引更多消费者的关注和认可。

第二节　豫酒文化推广中的影响因素

通过对调查数据的分析，关于豫酒文化推广中的影响因素，笔者得出以下结论：

1. 豫酒文化推广的表达方式

在上一节受访群体中，大多数人认为通过讲述引人入胜的故事和提升文化价值是推动豫酒文化传播和对外宣传的关键因素，具有较强的影响力。可目前豫酒讲故事的方式值得提升。在本书第一章里，笔者已经对豫酒品牌的统一表达和分众化表达做了详细的尝试，它可能是一种比较粗浅不成熟的观点，但至少可以提供一种思路和路径。豫酒企业可以在豫酒统一表达的顶层设计下，做好自己的分众化表达，这样便于形成整体优势，便于豫酒外宣形成合力。其实，在豫酒各自产品线的设计上，中原文化有很多系统化、体系化的表达可供使用。

除了仰韶酒借助了"天时、地利、人和"的梯次概念，中原文化里还有表达伦理次序的"天、地、君、亲、师"，表现礼法方面的"仁、义、礼、智、信"，体现官爵等级的"公、侯、伯、子、男"，表现兄弟关系的"伯、仲、叔、季"，表现天之四灵的"青龙、白虎、朱雀、玄武"，关于诚信的"诚、诺、守、信"，涉及处世的"格物、致知、诚意、正心、修身、齐家、治国、平天下"；再复杂的还有天干地支、两仪四象八卦、二十四节气等，只要挖掘，有大量可以朗朗上口，又具有深刻内涵的传统文化概念为豫酒品牌所用。随着消费者口味日渐复杂化和多元化，豫酒企业依靠单一产品主打天下已经远远不能适应市场的需求。激烈的竞争和市场的进一步细分要求企业的产品线必须多样化。如何打造一条契合自身企业文化属性和文化传统，又具备特定文化推广价值的系列化的产品线命名是每个豫酒企业从顶层设计就必须考虑的问题。打造具有标志性和区别度的文化 IP 不但是企业文化底蕴的彰显和品牌力的塑造，更是在后期市场营销环节可以做大做强酒文化周边产品的文化基础。仰韶酒的"天时、地利、人和"的产品线命名已经做出了表率，只要各豫酒企业积极思考，认真从中原古典文献和民族精神中去寻找灵感，就一定能找到合适自己的酒文化表达方式，把自身酒产品线的特点和体系化文化表达的特点深度融合，把品饮这种酒和特定的文化鉴赏结合起来，就一定能产生非同寻常的营销效果，从而快速提升该酒品牌的知名度。

2. 豫酒文化推广的品牌效应

正如笔者在第一章所阐述，酒业大省都有特别知名的该省酒品牌故事。比如每当世人提及中国的美酒佳酿，四川这个省份便立刻浮现在眼前，以五粮液为代表的川酒系列，历史悠久，品质卓越，其独特的酿造工艺和风味，早已深入人心。在本书开篇就提到五粮液酒以其醇厚的口感、独特的香气，被誉为川酒之王，是四川酒文化的杰出代表。同样地，当我们谈到贵州，我们便能联想到以茅台为代表的酱香型贵酒。茅台作为中国最著名的白酒之一，以其独特的酿造工艺、优良的品质、深厚的文化底蕴，享誉中外。它不仅是贵州的一张名片，更是中国白酒的骄傲。提到山西，我们能想到以清香型为代表的汾酒系列。

山西汾酒，历史悠久，品质上乘，其独特的清香型风格，深受消费者喜爱。汾酒不仅代表着山西的酒文化，也是中国白酒的重要分支。这种对地方特色酒的认同和喜爱，反映了中国人在饮食文化上的地域特色和个性，也体现了中国白酒的多样性和丰富性的特点。但我们提到豫酒，却没有形成一个比较明确的代表性产品、品牌、香型和系列。这是我们豫酒文化外宣当中尤其需要注意，并要竭力进行提升的方面。当前在众多豫酒品牌中，仰韶酒无论是销量和品牌影响力都属于第一梯队，但目前的仰韶酒还未能扛起豫酒的大旗。它是否能够像茅台之对于贵酒，五粮液之对于川酒，汾酒之对于山西酒那么具有代表性和影响力，还需要整个豫酒行业和仰韶酒业共同努力，进一步提质和整合。笔者建议在河南省政府层面的指导下，协调豫酒协会、豫酒研究机构和各个豫酒企业，制定出较为统一的豫酒行业标准，尤其是在豫酒的酿造工艺标准、酒类品鉴标准和营销策略方面要形成统一的阐释和布局，集中全力打造出能够代表豫酒品质和形象的一到二个豫酒品牌，形成头雁效应，进而拉动河南省整个豫酒产业的振兴。

3. 豫酒文化外宣的推广渠道

豫酒文化的传播和推广要想形成实际效果，需要多种推广渠道共同影响。根据前期的市场调查结果，由于现在社会节奏的加快，社会群体的多元化趋势越加明显，单一的宣传手段和内容显然容易陷入"众口难调"的尴尬境遇。毕竟不同消费群体获知信息的渠道也不一样。因此，包括传统媒体、电商平台、社交媒体在内的多种渠道都应覆盖和掌握，并根据不同受众特点进行微调，甚至定制化操作，精心策划广告和专题报道，向消费者展示豫酒的优秀品质和文化内涵，从而加深消费者对豫酒的了解和认识。目前各个豫酒企业都面对不同类型消费者设计了多种不同的产品线，针对不同类型消费者的信息接受度不同，可有区别地选择推广渠道，集合复合型的营销模式，进行精准营销。此外，随着互联网的普及和电子商务的发展，无论哪个类型的消费者，都越来越倚重网上获知消费和网上购买酒类产品。各豫酒企业需要高度重视各大电商平台和自身社交媒体平台的内容创新和交互方式创新，进一步优化沟通互动的方式和支付方式，使消费者获知信息和购买产品更加便捷、高效。和传统电视媒体不同，网络平台为豫酒和豫酒文化提供了一个可以充分展示个性化、定制化和交互式的营销平台，使得消费者可以更方便、快捷地购买到豫酒，从而提高豫酒的市场份额。但需要注意的是，传统电视广告宣传仍是不可或缺的宣传方式，它体现的权威、正式和官方背景目前仍然是酒类产品扩大影响力和展示企业实力的最佳平台。

4. 豫酒文化外宣的多模态话语形式

在之前进行的一系列问卷调研中，我们了解到，对于豫酒以及豫酒文化的认知与接纳，很大程度上源于亲朋好友之间的相互推荐和介绍，这种基于人际交往和口碑传播的方式占据了主导地位，其影响力不容忽视。人们通过亲耳听到、亲身感受到的信息传递，从而对豫酒产生了初步的认识，这是文化传承与推广的一个重要环节。我们注意到，除了来自人际网络的信息影响之外，电视台和网络媒体也在其中扮演了至关重要的角色。电视平台的广告推送和网络媒体的广泛宣传，成为公众获取豫酒相关信息的重要渠道。进一步分析可见，无论是电视电影中的广告，还是网络媒体的宣传手法，制作精良的豫酒宣传片、广告片和纪录片都显得尤为关键。这些宣传片、广告片和纪录片的内容创新就显得至关重要。做好豫酒的宣传，就要讲好豫酒故事。把河南悠久的历史文化通过多模态表达的方式进行独特呈现，不但可以向观众全面展示豫酒的历史文化底蕴、独特的酿造工艺以及卓越的品质特点，也能增强消费者对豫酒的识别度和信任感。因此，无论是在亲朋好友间的口碑传播，还是在电商和网络媒体的宣传推广中，高质量的内容制作都是不可或缺的核心要素，对于豫酒文化的传播与发展起着决定性的作用。

5. 豫酒品牌和文化关联性会强化消费决策

前文的调研发现，消费者对于豫酒文化的认同程度与他们的购买选择有着紧密的关联。这表明，在当今的消费市场中，消费者的购买决策并不仅仅受到单一产品功能性的影响，而是更多受到能够引起他们文化认同或情感共鸣的品牌和产品的影响。换句话说，消费者在做出购买决定时，更加倾向于寻找那些能够与自己的文化根基或者内心情感产生共鸣的品牌和产品。这种趋势反映出，随着社会的发展和人们生活水平的提高，消费者对于产品的要求也在逐渐提高，他们不再只满足于产品的基本功能，而是希望产品能够满足更深层次的精神和文化需求。也是说酒类产品除了产品本身以外，在文化赋能上要给予消费者特定的"情绪价值"，让其感到品饮此酒有故事、有文化和有传承。因此，对于企业来说，要想在竞争激烈的市场中获得消费者的青睐，就需要深入了解并尊重消费者的文化背景和情感需求，通过提供能够引起消费者文化认同和情感共鸣的产品和服务，来吸引并留住消费者。因此，在豫酒文化推广过程中，强调文化符号的挖掘和品牌故事的讲述具有重要意义。

6. 产品质量与口碑传播

老话常说"酒香不怕巷子深"，这正是对豫酒振兴实质上依赖于产品品质的深刻诠释。无论是对于传统酿造工艺的坚守与传承，如古法酿制，还是在现代科研技术支持下的创新工艺的应用，豫酒之所以能在群雄逐鹿的市场环境中崭露头角，根本原因还是在于其产品质量过硬。产品质量是豫酒发展的根本，是所有工作的核心。只有将豫酒的品质和口味做到行业顶尖水平，才能真正构建起与博大精深的豫酒文化相匹配的实体基础，从而与豫酒文化的推广形成良性互动，使得豫酒文化更加深入人心，两者相映生辉。因此，加强豫酒产品质量的建设，是赢得消费者口碑、实现良好传播效果的关键。只有通过不懈努力，不断提升产品质量和口感，才能在消费者中树立起良好的品牌形象，从而吸引更多的消费者，提高产品的销售量和市场份额。这是一条需要长期坚持、不断努力的道路，但只有这样，豫酒才能在激烈的市场竞争中立于不败之地，实现真正的振兴。

综上所述，豫酒文化推广的影响因素涉及多个方面，包括推广渠道的多样化、文化关联性与消费决策、产品质量和口碑传播等。只有深入研究和理解这些因素，并针对性地制定推广策略，才能更好地推动豫酒文化的创新发展。在所有豫酒文化推广要素中，多媒体的品牌宣传片是当下可操作的非常重要的外宣和传播手段，互联网和数字新媒体技术又加快了此类多模态信息传播的范围和速度，把图像、文字、视频、音频等多种元素融于一体，会放大和优化消费者的信息接收体验方式，强化宣传效果。与此同时，新媒体可以通过数据分析，针对用户喜好进行精准推送，极大地增强了信息的传播效果，新媒体的网络介质特性使得其宣传成本远低于传统媒体，这些优秀特质促使新媒体受到更多品牌企业与消费者的青睐。因此，本书研究豫酒文化推广因素的主要抓手就是各类酒企品牌的多模态宣传片的开发和设计。

第四章 现有豫酒文化宣传的
多模态案例分析

在本书的研究中，基于前文所构建的豫酒文化多模态话语分析系统，笔者对河南省豫酒品牌在宣传方面的现状以及相关案例进行了深入的收集与详尽的分析。对于宣传素材的案例搜集主要基于多样化的渠道来源，其中包括但不限于各大门户网站、微信公众号发布的关于相关豫酒品牌的广告、宣传片以及一系列的短视频；同时也涵盖了豫酒企业自建的官方网站上所发布的宣传片和广告片。

在深入调研大量多模态豫酒宣传案例中，笔者发现这些豫酒企业品牌宣传片的质量参差不齐、风格迥异。有些宣传片过于关注产品本身，却忽略了产品背后所蕴含的丰富文化底蕴和产品自身的深远文化内涵。而有的产品宣传片，其制作质量较为低劣，更多的是属于小众、业余或自媒体类型的作品，这样的作品实际上并不能达到有效传播的目的。

在案例的收集过程中，经过仔细的比对和研究，笔者发现在众多收集到的素材中，仰韶酒业、杜康酒业和宝丰酒业的品牌宣传片的质量在目前众多豫酒多模态宣传片中是相对较好的。这三部宣传片均通过权威媒体在电视和互联网上进行了传播，受众较多，反响良好，具有一定的权威性和代表性，非常符合本研究的特性需求。因此，在本书研究中，笔者就选取了这三部宣传片作为分析样本，运用多模态话语分析理论来深入分

析这三部宣传片中顶层设计、模态意义实现程度和各类表意符号之间的配合关系，以及它们在宣传方面的效果，并据此提出相应的改进策略和建议。

在研究方法上，笔者将基于前文提及的多模态话语综合分析理论框架，对所选案例采取体裁功能成分分层分析法，以定性分析为主，辅以量化分析。具体分析过程如下：基于这三个豫酒宣传片的多模态话语分析框架，从情景语境和交际目的，体裁结构、情节切分和图像转化，多模态话语交际模式和多模态话语模态间的协同四个方面对语料进行分析。

张德禄等提出，在图像语法中，在语篇层面上，每个图像实现一个时间，一系列交际事件就形成一个情节，几个情节可以构成一个故事或语篇。他提出对视频等动态多模态语篇进行切分三个标准：① 意义：语篇的整体意义包含若干个阶段，每个阶段又包含若干个步骤或者是次级单位，所以语篇的最小意义单位是由视频切分的最小单位图像实现的；② 经验意义：找出标志着过程变化的转折点，这个点标志着一个新过程的开始，包括包内参与者和情景因素；③ 前景化的事物和特征：这些是语篇的显著特征。①

第一节　仰韶酒品牌宣传片素材分类和分析

2023 年 8 月 15 日，仰韶酒品牌宣传片正式登陆 CCTV-1，如图 4-1 所示。②

---

① 张德禄，袁艳艳. 动态多模态话语的模态协同研究——以电视天气预报多模态语篇为例 [J]. 山东外语教学，2011，32（05）：9-16.

② 仰韶酒业. 仰韶酒宣传片 [EB/OL]. https：//v.qq.com/x/page/s3522mxlcdy.html? faker=1&resid=70001002&fromvsogou=1，2023-8-15.

图4-1　仰韶酒品牌宣传片

表4-1　仰韶酒品牌宣传片素材分类和分析

情节	文字模态	图像模态	声音模态
情节1： 视频导入，引出仰韶文化	数千年来，黄河孕育着不朽的中华文明。闻名于世的仰韶文化就诞生于此。		同期声

情节	文字模态	图像模态	声音模态
情节 2： 考古发现引出 仰韶酒起源	1921 年，浩浩华夏的文明之源重现光彩。一个世纪过去，"仰韶小口尖底瓶里有酒"的考古发现，将中国谷物酒酿造的历史追溯到数千年前的仰韶文化时期。		同期声
情节 3： 仰韶酒文化伴随中华文化而生，延续千年	当文明的曙光初现，人们在大地上欢舞，淳朴初民的原始情感，历经岁序更迭而完美蜕变。数千年后，仰韶文化在历史长河中绵延不绝。		同期声

续表

情节	文字模态	图像模态	声音模态
情节4： 现代仰韶酒的继往开来	仰韶酒，是古法技艺的传承，也是现代酿造技艺的创新。"酿酒师"侯建光秉承"一生一世只为酿造一瓶好酒"的工匠精神，萃取九粮菁华，组合三曲并用，创建四陶工艺，融汇多香之长，酿造出具有独特风格的陶融型白酒。		同期声
情节5： 仰韶酒的独特工艺和匠心	仰韶酒的追求是成为天人共酿的佳作。独具匠心的坚守，酝酿时光的美好，九粮融合，赋予自然精髓，制曲发酵，解锁酒香密码。酿一杯醇厚的仰韶彩陶坊酒，让仰韶文化的深厚底蕴，于一饮一酌间代代相传。		同期声

情节	文字模态	图像模态	声音模态
情节6：呼应古今穿越千年的酒文化	当现代工艺为古法技艺传承注入创新的基因，五湖四海之士品味仰韶美酒。穿越千年时空，世界也得以在一缕酒香中遇见魅力东方。		同期声
情节7：总结并点题	传承文明之光，陶醉魅力东方，仰韶彩陶坊。		同期声

1. 基于文化层面的顶层设计分析

这部品牌宣传片的制作者有一个明确的顶层设计理念。这部品牌宣传片以中华文明的根基为起点，将古今文化相融合，充分展现了仰韶文化的深厚底蕴、仰韶酒文化的悠久历史，以及仰韶酒业如何继承和发扬仰韶文化，创新酿造工艺，将仰韶文化的深厚底蕴融入一杯美酒中，让人们在品尝的过程中，代代相传。河南是中华文明的重要发源地，中原文化是中华民族传统文化的根源和主干，而厚重的河南则是以仰韶为起点。这充分说明了仰韶酒业的成立是基于仰韶文化，并从中获得创新灵感。作为拥有 7000 年历史的仰韶文化的传承者，仰韶酒业在品牌打造过程中，始终以传承仰韶文化为己任，深度融合仰韶文化中的"陶文化"，进行产品创意设计，打造出令消费者难以忘怀的仰韶文化 IP。2008 年，仰韶彩陶坊正式上市，中国陶香问世——"采用九种粮食的菁华，结合三种曲药，运用四种陶艺工艺，融合多种香型的优点，酿造出具有独特风味的陶融型白酒"。

2. 基于语境层面的体裁结构分析

为了在多模态表达中实现有效的叙事，设计者必须精心安排故事的结构，采用独创性的方式来讲故事，甚至将"讲故事"和"讲道理"有机地结合在一起。要把单一的文字和多模态的创新手段相融合，以此激发和引导受众的观看热情。根据系统功能语言学的理论框架（Halliday 1978），情景语境是文化语境的具体体现，它包括三个关键变量：语场、语旨以及语式。① 语场指的是语篇所涉及的社会活动，它揭示了语言使用的具体情境；语旨是指交际双方的社会角色关系，它决定了语言的选择和使用；而语式则涉及交际的媒介和渠道，它决定了信息传递的方式和途径。

在这个宣传片中，我们可以将其语场描述为：它通过电视和互联网这两个平台，向广大受众全面地展示仰韶酒的文化内涵和树立品牌形象。它的语旨涵盖了仰韶酒企业和所有的电视或网络消费者。它所采用的语式则是仰韶酒企业通过多模态话语手段，利用电视与互联网这两个渠道，向全国观众或网友进行品牌宣传和产品推广。在这个过程中，企业和观众之间的交际呈现出一种单向性，企业通过讲述故事的方式，来传达企业的文化理念、产品特

---

① Halliday M. A. K. Language as social semiotic：The social interpretation of language and meaning［M］. Marland university Park Press, 1978.

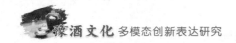

性和独特优势。同时，多模态话语的使用，也需要能够展现出企业的权威性、正式性、亲和力和感染力。

在这部宣传片中，语言的使用优美动人，声音富有感染力，画面精致美观，色调以暖色为主，营造出一种温馨和谐的氛围。这些元素共同构成了这部宣传片的独特魅力，使得它能够在短时间内吸引观众的注意力，并给他们留下深刻的印象。具体而言，我们对该宣传片进行了梳理，该宣传片体裁逻辑遵循：仰韶文化源远流长—仰韶文化和酒的关系—仰韶酒和中原文化共存共荣—现代仰韶酒继往开来—仰韶酒的独特工艺和匠心—呼应古今穿越千年的酒文化—做出总结点题。

3. 基于内容层面的多模态形式分析

（1）仰韶酒品牌宣传片文字模态分析

就文字模态的分析而言，语言是用来组织、理解和表达我们对世界的看法和我们自己的意识。这一功能被称为概念功能，而概念功能最主要的语法系统是及物性。及物性有六种过程：① 物质过程，指表示做某件事的过程。物质过程一般由动作动词体现。② 心理过程，指表示"感觉""反应"和"认知"等心理活动的过程。③ 关系过程，指各实体之间相互关系的过程，可以分为归属和识别两类。④ 行为过程，指生理活动过程，如笑、哭、做梦、呼吸、叹息、咳嗽、打喷嚏等。⑤ 言语过程，指通过讲话等言语活动交流信息的过程。⑥ 存在过程，原先属于关系过程，但它只表示事物的存在，只有一个参与者，即一个存在物，故不同于关系过程。语言也被用来使我们与其他人参与交往行为、发挥作用、表达和理解情感态度和判断力，这一功能被称为人际功能。语气和情态是人际功能的主要语法系统。语气指的是谈话双方的角色、场合等；而情态指的句子肯定程度的大小，是否绝对和确定，有多大程度。

对仰韶酒品牌宣传片进行文字模态分析，如表4-2所示。

表4-2　仰韶酒品牌宣传片文字模态分析

序号	小句	概念功能 （及物性分析）	人际功能 （语气情态分析）
1	数千年来，黄河孕育着不朽的中华文明。	物质过程	不朽
2	闻名于世的仰韶文化就诞生于此。	关系过程	闻名于世
3	1921年，浩浩华夏的文明之源重现光彩。	行为过程	浩浩
4	一个世纪过去，"仰韶小口尖底瓶里有酒"的考古发现，将中国谷物酒酿造的历史追溯到数千年前的仰韶文化时期。	物质过程	无
5	当文明的曙光初现，人们在大地上欢舞，淳朴初民的原始情感，历经岁序更迭而完美蜕变。	行为过程	淳朴、完美
6	数千年后，仰韶文化在历史长河中绵延不绝。	存在过程	绵延不绝
7	仰韶酒，是古法技艺的传承，也是现代酿造技艺的创新。	关系过程	无
8	"酿酒师"侯建光秉承"一生一世只为酿造一瓶好酒"的工匠精神，萃取九粮菁华，组合三曲并用，创建四陶工艺，融汇多香之长，酿造出具有独特风格的陶融型白酒。	物质过程	只为
9	仰韶酒的追求是成为天人共酿的佳作。	关系过程	无
10	独具匠心的坚守，酝酿时光的美好，九粮融合，赋予自然精髓，制曲发酵，解锁酒香密码。	物质过程	独具匠心
11	酿一杯醇厚的仰韶彩陶坊酒，让仰韶文化的深厚底蕴，于一饮一酌间代代相传。	存在过程	无
12	当现代工艺为古法技艺传承注入创新的基因，五湖四海之士品味仰韶美酒。	物质过程	无
13	穿越千年时空，世界也得以在一缕酒香中遇见魅力东方。	物质过程	无
14	传承文明之光，陶醉魅力东方，仰韶彩陶坊。	物质过程	无

从表4-2所展示的文本模态数据来看，我们可以观察到共计14个独立的小句。在概念功能方面，物质过程的小句占据了总数的50%，具体有7个；存在过程的小句数量为2个；行为过程的小句有2个；而关系过程的小句有3个。在呈现物质过程的7个小句中，表达动作的主体是仰韶酒的占了3个，动作主体是仰韶酒酿造师侯建光占了一个，这些数据分布情况如图4-2所示：

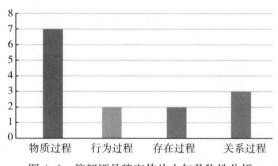

图4-2　仰韶酒品牌宣传片小句及物性分析

在深入分析文字的人际功能构成部分时，我们发现仅有7个简短句子涉及表达情态的副词，例如"不朽、闻名于世、浩浩、淳朴、完美"等。这些副词通常被用于表达说话者对于所描述事物的个人主观判断和情感价值。与此相对比的是，另外7个句子则完全采用了中性、客观的表达方式，没有出现任何体现语气和情态的词汇。

通过对以上数据的详细分析，我们可以得出一个明确的结论：在文字模态的处理和设计过程中，这部宣传片的核心目的是突出仰韶酒的文化传承和独特魅力，同时展现仰韶酒酿酒人对酒品的极致追求和无私奉献。在人际关系的构建上，该宣传片并没有过多地使用带有高情态的副词，也没有过度依赖语气词，反而采取了一种类似于纪录片的手法，以白描的方式进行叙述。这种文字风格恰好符合仰韶酒宣传片的定位：权威、正式、官方、写实，也契合该宣传片所应有的体裁结构，这样的文字表达方式不仅增强了信息的客观性，也提高了宣传片的公信力。

（2）仰韶酒品牌宣传片图像模态分析

对于该宣传片图像的分析，我们依然从该宣传片的体裁分解开始，该宣传片体裁逻辑遵循：仰韶文化源远流长—仰韶文化和酒的关系—仰韶酒和中原文化共存共荣—现代仰韶酒继往开来—仰韶酒的独特工艺和匠心—呼应古今穿越千年的酒文化—做出总结点题。因此，该宣传片的体裁结构包括 7 个故事或情节，这 7 个情节可再分为 23 个具体步骤。在每个动态步骤里，笔者分别截取有代表性的 23 个图像来代替其图像表意。

　　系统功能语言学认为语言具有三大元功能：概念意义、人际意义和语篇意义。其中，概念意义用于传递信息，表达对世界的看法和自我意识；人际意义表明说话者的情感态度、动机和推断等；语篇意义是指将不同的语言成分组合成语篇，实现连贯性的功能。克雷斯和莱文将这三种功能进行了拓展，提出了视觉语法理论体系，主张从再现意义、构图意义和互动意义三个方面来研究多模态话语，如表 4-3 所示。

表 4-3　文字模态和图像模态的元功能对比

文字模态	概念意义	人际意义	语篇意义
图像模态	再现意义	互动意义	构图意义

　　克雷斯和莱文模拟系统功能语言学中的功能语法的及物性系统，提出图像的再现意义功能，他们把图像的语法系统分为叙事类和概念类，在叙事类中，包括行动过程、反应过程和心理与话语过程。行动过程表示图像所表现的动作和行为[①]，由动作者和一个矢量，再加情景成分构成。反应过程也由矢量构成，是由图像中一个或多个参与者的目光的方向构成。在心理和言语过程中，矢量表示话语和思维。图像的概念类过程实际上是表达语言关系过程的主要内容，分为分类过程、分析过程和象征过程。分类过程表示一组参与者和个体特征在某方面具有相似性。分析过程包含部分与整体的关系、演化的不同阶段等。象征过程表示参与者是什么或者意味着什么。

　　克雷斯和莱文提出由互动意义来替代语言的人际意义。互动意义体现了图像与受众之间的关系，由接触、社会距离、态度和情态这几个要素构成。

---

① Kress G R, Van Leeuwen T. Reading Images：The grammer of visual design［M］. London：Routledge，2006.

"接触"并非真实的触碰，而是图像和受众之间建立起的想象的联系，可分为索取类和提供类两种。社会距离能影响图像和受众之间的亲疏关系，从而达到一定的目的，距离越远，关系越冷漠；距离越近，关系越亲密。图像的视角可以受众的影响态度，通过平视、仰视、俯视的差异暗示受众应当持有的态度。情态表示符号资源表达意义的真实性程度，这样的真实是社会性的，不是绝对的真实。情态受到色彩饱和度、色彩区分度、色彩调和度、语境化、再现、深度、照明和亮度等因素的影响。高情态的语篇显得更符合现实，能让受众觉得感同身受。在多模态外宣中，图像是非常重要的表意手段，它可以创造观众和图像世界之间特定的关系。图像通过特定的设计与观众进行互动，并提示观众对所再现的景物应持有的态度。

图像的语篇意义，则由构图意义来呈现，其表现了各个模态之间的互补关系和整体布局，通过信息值、取景和显著性三个方面实现。在画面的构图中，信息的传递效能被称为信息值，而信息值是通过元素在构图中放置位置来实现的。例如很多情况下，放在左边的是已知信息，放在右边的是新信息；放在上方的信息是"理想"的，放在下方的信息是"真实"的。取景指的是通过留白、分割线等方式形成信息的独立。显著性即通过尺寸、色彩、亮度等让语篇中某一元素显得更加突出，富有吸引力。

基于视觉语法，可得该宣传片图像意义的三种分布，如表4-4所示：

表4-4　仰韶酒品牌宣传片的图像意义分布

图序	代表性图像	再现意义	互动意义	构图意义
图1		叙事类图像 行动过程	有主体图像 提供类图像 暖色调 平视视角	中正取景 明暗亮度 凸显人物
图2		概念类图像 象征过程	无主体图像 提供类图像 暖色调	高远取景

图序	代表性图像	再现意义	互动意义	构图意义
图3		概念类图像 象征过程	无主体图像 提供类图像 暖色调	近处取景 明暗亮度 凸显陶器
图4		概念类图像 象征过程	无主体图像 提供类图像 暖色调	明暗分明
图5		叙事类图像 反应过程	有主体图像 提供类图像 暖色调 仰视视角	左新信息 右旧信息 中正取景
图6		概念类图像 分类过程	无主体图像 提供类图像 半暖色调	中正取景
图7		概念类图像 分类过程	无主体图像 提供类图像 半暖色调	中正取景
图8		叙事类图像 反应过程	有主体图像 提供类图像 暖色调 平视视角	中正取景
图9		叙事类图像 反应过程	有主体图像 提供类图像 冷色调 平视视角	中正取景

豫酒文化 多模态创新表达研究

续表

图序	代表性图像	再现意义	互动意义	构图意义
图10		概念类图像 象征过程	无主体图像 提供类图像 冷色调	中正取景
图11		概念类图像 象征过程	无主体图像 提供类图像 冷色调	远处取景
图12		概念类图像 分类过程	无主体图像 提供类图像 暖色调	近处取景
图13		叙事类图像 行动过程	有主体图像 提供类图像 暖色调	近处取景
图14		叙事类图像 行动过程	有主体图像 索取类图像 冷色调 平视视角	远处取景
图15		叙事类图像 行动过程	有主体图像 索取类图像 暖色调 平视视角	近处取景
图16		概念类图像 象征过程	无主体图像 提供类图像 暖色调	近处取景

图序	代表性图像	再现意义	互动意义	构图意义
图 17		叙事类图像 行动过程	有主体图像 提供类图像 暖色调 仰视视角	近处取景
图 18		叙事类图像 行动过程	有主体图像 提供类图像 冷色调 平视视角	远处取景
图 19		叙事类图像 行动过程	有主体图像 提供类图像 冷色调 俯视视角	近处取景
图 20		叙事类图像 反应过程	有主体图像 提供类图像 冷色调 平视视角	远处取景
图 21		叙事类图像 行动过程	有主体图像 索取类图像 暖色调 平视视角	近处取景
图 22		概念类图像 象征过程	无主体图像 提供类图像 暖色调	远处中正 取景
图 23		概念类图像 象征过程	无主体图像 提供类图像 暖色调	近处中正取景

在总计 23 张图像信息中，我们可以观察到，有 12 张图像属于叙事类，这类图像的特点是含有动作主体，即人的参与。这些叙事图像分为行动过程和反应过程。其中，图 1、图 13、图 14、图 15、图 17、图 18、图 19、图 21，它们展示了行动过程，揭示了图中人物积极主动的行为。具体来说，图 1 展示了古人劳作的场景，图 13、图 14 和图 15 则描绘了仰韶员工和董事长的行为，图 17 和图 18 中的人物分别代表了消费者和仰韶酒科研人员，而图 19 和图 21 则是消费者举酒畅饮和美女持酒款款走来的身姿。这些图像中人物通过动作把要阐释的情感都表达得淋漓尽致，比如图 21 中的美女持酒款款而来，不仅展示了美丽的形象，还表达了与消费者之间的互动和邀约，增强了图像的吸引力。除了行动过程，剩下的 4 张有人参与的图像，即图 5、图 8、图 9、图 20，则属于反应过程，它们通过展示图像中一个或多个参与者的目光的方向，传达了图中人物沉浸在对酒的分享之中，从而营造出一种热烈的氛围。

除这 12 张叙事类图像以外，其余的图像都属于概念类图像，即没有人物出现。在这 11 张概念类图像中，有 8 张是象征过程的表达，分别是图 2、图 3、图 4、图 10、图 11、图 16、图 22、图 23。这些象征性过程充分体现了图像所蕴含的隐喻性表达，通过图像展示的内容向观众传达仰韶酒所代表的文化。例如，图 2 中的黄河象征着中华民族的母亲河，图 3 中的陶器象征着古老的文明，图 4 中的日冕象征着光明和希望，图 10 中的厂房和图 11 中的酒窖则分别象征着仰韶酒的制造工艺和原料来源。这些象征性的元素使观众一目了然，更容易理解和接受。除了象征性过程，还有 3 张概念类图像则属于分类过程，它们主要展示了仰韶酒的制造工艺和原料来源，通过分类的方式让观众能够直观地看到仰韶酒的内在构成。这些分类过程的图像使观众能够更加深入地了解仰韶酒，增加了图像的丰富性和多样性。总的来说，这 23 张图像通过叙事类和概念类的表达，向观众展示了仰韶酒的独特魅力和文化内涵。

在图像的互动意义表达上，有 20 幅画面是提供信息类画面，它们占据了整个画面篇幅的绝大多数，而只有 3 幅是索取信息类画面。由此我们认识到，凡是提供类画面，都是仰韶酒业希望给受众所传递的客观信息或者高价值信息，这些信息能够反映出仰韶酒的特色、内涵和文化传承，而剩下的图14、图15、图21画面则是索取信息类，起到了画龙点睛的作用。他们分别是图15中仰韶酒的酿造者，也是仰韶酒业董事长在画面中和观众对视，以及向远方瞭望；在图14、图21中两位美女款款走来和观众对视。在图像意义构成上，画面人物的凝视可以视为一种信息的索取，这无形中会调动受众参与画面互动的兴趣，增强图像的感染力与互动功能。

在宣传片的整个色调选择上，我们可以看到，整个宣传片暖色调的图像有14幅，冷色调的有7幅，冷暖色调在构建画面互动意义上有重要作用。暖色调给人以温暖、厚重、淳朴的感觉，因此在表现仰韶酒文化渊源、酿造环境和工艺时候，绝大多数画面是暖色调的。而冷色调给人以冷静、客观、真实的感觉。因此在表现现代仰韶酒业的画面时，包括厂房、实验室、品酒现场等场景都采用了冷色调处理，这一方面增强了现实感和科技感，另一方面也使画面内容有了写实性，更容易让受众信服。

在镜头的俯仰上，大部分镜头都采用平视视角拍摄，这样可以让观众和消费者以相同的视角来欣赏和理解仰韶文化。在图17中，设计者对消费者代表采用了仰视拍摄的方式。这种拍摄手法充分体现了设计者对潜在消费者的尊重和重视，从而增强了观众对品牌的信任感。同样，在图19中，大家举杯相庆的画面采用了俯视拍摄的方式。这种拍摄手法也是基于受众的视角，力图让视频观看者能够更好地融入其中，增强画面的感染力和亲和力。通过俯视拍摄，观众可以感受到自己也是画面中的一部分，从而产生共鸣和归属感。

图像的语篇结构表达基本上是采用中正镜头取景、远近镜头交替的方式进行拍摄。这种表达方式非常符合该宣传片的体裁风格，使得整个画面看起来非常正式、权威，并且具有灵动性。总的来说，通过中正镜头取景、远近镜头交替的方式进行拍摄，以及根据不同场景采用平视、仰视和俯视拍摄，该宣传片成功地展现了仰韶文化的魅力，同时也增强了观众对品牌的认同感和信任感。这种精细的拍摄手法和构思，使得整个宣传片更加生动、有趣，

并且具有强烈的感染力。

4. 基于表达层面的各模态间配合分析

多模态表意要求综合使用多种表意方式，当一种模态不足以清楚表达交际者的意图时，就需要另一种进行强化、补充、协同，达到更加充分表意的目的。在整个仰韶酒品牌宣传片的多模态表意中，我们发现文字、图像和声音是有机结合、互相配合来表意的，呈现出一些优秀的特质，但也有个别地方存在不足。

(1) 模态间的强化

在仰韶酒品牌宣传片中，各个模态中显然是以图像模态作为主要表意方式，以文字模态作为次要表意方式进行配合，而声音模态在内容上与文字完全一致，只是在音调和节奏上有所把控，主要用来进行意义的强化和氛围的烘托。从整体上看，各模态配合度还是不错的，但旁白的声音采用男性高昂的声音，并且有明显的"播音腔"，虽然体现了该宣传片的正式、权威特性，但在某种程度上削弱了画面表意的效能。其次，整部宣传片没有被拍摄人物的言语行为，也就是没有画面人物的声音，没有给观众身历其境的感觉。

(2) 模态间的补充

不同模态应基于语篇主旨共同表达交际者的整体意思，如果没有协调一致，就会造成信息的交叠和重复，也就造成两种或多种模态同时出现，却不能起到互相补充的作用。如在该宣传片中出现的字幕，这些字幕与旁白的表述完全一致，而且语种也一致，在信息传递上没有附加、没有缩减，仅为交叠，这其实是一种信息冗余现象，它的作用只是为了观看者的阅读方便，但对于信息敏感的观众而言，这会造成其注意力分散，更甚者会产生抵消画面表意的效能。最好的办法是要么采用中英文字幕，要么以选择少数关键字的形式直接显示在画面上。

此外，不同的表意模态与语境的关系可以分为积极模态和消极模态。积极模态可以直接构建情境，可以根据设计者的意图把观看者"拉"进特定交际过程中去。这样的表达就体现出很强的情景依赖性，在彩陶坊宣传片中，有些地方做得很好，比如在表现独特酿酒工艺时，就让彩陶坊董事长亲自上阵，配以旁白，很容易把观众拉进历史的情景当中去感同身受。不过，在展示和受众互动的画面中，两次都用到美女携酒而来的画面，显得有点重复。

(3) 模态间的协同

在多种模态组织的多模态表达中，语境一致性要求各种模态表意要同文化、同情景和同交际目的，即要求多模态话语表征，要在话语范畴、话语基调和话语方式上表现一致。多模态话语表达需要服务于同一个交际目的，服务于同一个基调，因此各个模态效果虽各有侧重，但需要步调一致。前文已对仰韶酒品牌宣传片的各模态进行了详细分析，笔者发现在模态协同方面，该片按照体裁分成 7 个情节，可以视为各自成篇，每个篇章各模态的配合协同都比较融洽，整个视频的完成度也很高，但从完成顶层设计的任务来说，因为各个情节服务于不同主题，要想面面俱到，就不容易突出主题——仰韶酒和文化的关系，以及由此派生出来的周边产品和增值服务是什么。

第二节　杜康酒品牌宣传片素材分类和分析

2018 年，"酒祖杜康封坛大典"的晚宴在古都洛阳召开。此次盛宴，杜康酒业以其精心酿造的佳酿致敬繁荣的时代，诚挚地迎接各方宾朋。杜康全新品牌宣传片同步在晚宴和媒体上播放。①

---

① 杜康酒业. 杜康酒宣传片 [EB/OL]. https://www.sohu.com/a/489263128_120143082，2021-9-11.

表4-5　杜康酒品牌宣传片素材分类和分析

情节	文字模态	图像模态	声音模态
情节1： 描述改变历史的大事，引出中国的第一滴粮食酒——杜康酒	五千年前，发生了一件改写历史的大事。这件历史大事，发生在中州，天下之中，这个独特的地方。这里有着黄淮流域得天独厚的玄武岩。清澈甘洌的泉水喷涌而出，而当泉水遇到了这片古桑土壤，奇妙的微生物群，暗中成就了制酒发酵的工作。最重要的，是那位五千年前黄帝的粮官杜康正手捧剩余饭食在那株桑树下歇脚。馥郁的酒香就从这里弥漫开来。"豫"——诞生了中国的第一滴粮食酒。		同期声辅以古琴伴奏

续表

情节	文字模态	图像模态	声音模态
情节2: 杜康酒孕育了贯穿古今的酒文化	从此，神奇的事情发生了，人们驰骋神思，天马行空，将心底的话语，毫无保留尽情倾诉。把酒言欢，浅酌低唱，迎宾送友，消忧解愁。		同期声辅以古琴伴奏
情节3: 杜康酒的古法工艺和独特品质	如今的杜康，一直严循古训，以五齐六法，精心酿制。醇正甘美的原酒，经过地下玄武岩石穴的酒窖自然纯熟后，分区窖藏，自然陈化，回味悠长。		同期声辅以古琴伴奏

续表

情节	文字模态	图像模态	声音模态
情节4： 回应开头，强调主题	杜康，是中国酒文化的源头。		同期声

1. 基于文化层面的顶层设计分析

杜康酒品牌宣传片的整体设计思路极为清晰，它的中心思想明确无误，那就是以"杜康酿造了中国第一滴粮食酒，从而开启了中国的酒文化新篇章"作为宣传的核心。这一思想在整个宣传片的制作过程中得到了贯彻和体现，从开篇到结尾，再到中间的插入，都围绕着酒文化场景和杜康酒的独特工艺展开。整个近三分钟的宣传片内容策划严谨、结构紧凑、条理清晰，既展示了中国酒文化的悠久历史和深厚底蕴，又突出了杜康在中国酒文化中的重要地位。此外，该宣传片大量采用了虚实结合的拍摄手法，使得杜康酒的历史感穿越千年，仿佛就在眼前。这种拍摄手法也让观众在观看宣传片时，能够更加深入、准确地了解和感受到杜康酒文化的魅力。这种层次分明、布局简约的顶层设计理念，让整个宣传片的内容条理清晰、层次分明，使得观众在观看的过程中，既能感受到中国酒文化的魅力，又能领略到杜康酒的历史底蕴。

2. 基于语境层面的体裁结构分析

在这部独具匠心的宣传片中，我们得以领略该宣传片文字的魅力，它的同期声画外音优雅而动人，仿佛能够穿透人心，将观众带入一个充满诗意的世界，仿佛有一股无形的力量，牵动着观众的情绪。而同期声辅以古琴的搭配，更是起到了画龙点睛的作用，优美的古琴伴奏仿佛将观众带到了一个古老而神秘的世界，那种独特的氛围感，让人陶醉其中。画面的精致美观，也是这部宣传片的亮点之一。虚实结合的手法，使得画面更加丰富多彩，实景拍摄与动画渲染的结合，更是让人感受到了杜康酒穿越千年的魅力。而最令人称道的，还是这部宣传片独特的色调选择。与上节的仰韶酒品牌宣传片不同，这部杜康酒品牌宣传片以冷色调为主，营造出了一种穿越时空、冷峻和理性的氛围，让人眼前一亮。这些元素的完美融合，共同构成了这部宣传片的独特魅力。它在体裁上短小精悍，情节简单却有力，结构紧凑而不失细腻，使得它能够在短时间内吸引观众的注意力，并给他们留下深刻的印象。

　　具体而言，该宣传片的体裁如下：首先，片首设置了悬念，提到改变历史的大事，引发了观众的兴趣。接着，片中展示杜康酒孕育了贯穿古今的酒文化。然后，片中介绍了杜康酒的古法工艺和独特品质，展示了杜康酒的制作工艺和品质保证。最后，片尾回应了片首，强调了中国第一滴粮食酒的地位，彰显了杜康酒的独特价值。这部宣传片通过精心的制作和独特的表现手法，成功地展示了杜康酒的悠久历史和卓越品质，让人们更加深入地了解了杜康酒的文化内涵，也使得杜康酒的形象在观众心中留下了深刻的印象。

3. 基于内容层面的多模态形式分析

（1）杜康酒品牌宣传片文字模态分析

对杜康酒品牌宣传片进行文字模态分析，如表4-6所示。

表4-6　杜康酒品牌宣传片文字模态分析

序号	小句	概念功能 （及物性分析）	人际功能 （语气情态分析）
1	五千年前，发生了一件改写历史的大事。	物质过程	无
2	这件历史大事，发生在中州，天下之中，这个独特的地方。	存在过程	无
3	这里有着黄淮流域得天独厚的玄武岩。	存在过程	无

序号	小句	概念功能 （及物性分析）	人际功能 （语气情态分析）
4	清澈甘洌的泉水喷涌而出，而当泉水遇到了这片古桑土壤，奇妙的微生物群，暗中成就了制酒发酵的工作。	物质过程	无
5	最重要的，是那位五千年前黄帝的粮官杜康正手捧剩余饭食在那株桑树下歇脚。	存在过程	无
6	馥郁的酒香就从这里弥漫开来。	物质过程	无
7	"豫"——诞生了中国的第一滴粮食酒。	物质过程	无
8	从此，神奇的事情发生了，人们驰骋神思，天马行空，将心底的话语，毫无保留尽情倾诉。	物质过程	尽情
9	把酒言欢，浅酌低唱，迎宾送友，消忧解愁。	物质过程	无
10	如今的杜康，一直严循古训，以五齐六法，精心酿制。	物质过程	无
11	醇正甘美的原酒，经过地下玄武岩石穴的酒窖自然纯熟后，分区窖藏，自然陈化，回味悠长。	物质过程	无
12	杜康，是中国酒文化的源头。	关系过程	无

从表4-6所展示的文本模态数据来看，该宣传片共计12个独立的小句。在概念功能方面，物质过程的小句占据了总数的60%以上，具体为8个；存在过程的小句数量为3个；关系过程的小句为1个；而行为过程的小句为0个。在呈现物质过程的8个小句中，动作主体是杜康酒的为2个，动作主体是杜康为1个，动作主体是消费者的为2个。唯一关系过程的小句位于句末，强调杜康酒是中国酒文化源头的内在关系。这些数据分布情况如图4-3所示：

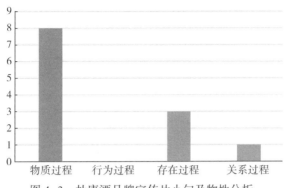

图4-3　杜康酒品牌宣传片小句及物性分析

在深入分析文字的人际功能构成部分时，笔者发现仅有1个简短句子涉及表达情态的副词，就是"尽情"。该副词被用于描述酒文化产生后，饮酒的人那种酣畅淋漓的状态，用于增加宣传片的文字感染力。与此相对比的是，另外11个句子则完全采用了中性、客观的表达方式，没有出现任何体现语气和情态的词汇，说明该宣传片试图以客观理性的基调陈述一个客观事实，即杜康酒是中国粮食酒的源头这一判断，整体文字的情态风格和其视频的色调冷峻风格是匹配和谐，相互适应的。

通过对以上数据的详细分析，可以得出一个明确的结论：在文字模态的处理和设计过程中，这部宣传片的核心目的是突出杜康酒对酒文化的独特贡献，并讲授杜康酒的工艺特点和独特魅力。其宣传片的重点在于传递中国粮食酒起源于杜康酒的客观事实。在人际关系的构建上，宣传片几乎没有使用带有高情态的副词，同期声的讲解也没有慷慨激昂的语调，而是娓娓道来地叙述，辅之以古琴的优美伴奏，整体风格类似故事片或剧情片，以讲故事的方式进行叙述。这种语言风格恰好符合杜康酒宣传片的定位：讲述酒文化故事，享受美好生活。也契合该宣传片所应有的体裁结构，这样的语言表达方式不仅增强了信息的客观性，也提高了宣传片的感染力。

（2）杜康酒品牌宣传片图像模态分析

对于该宣传片图像的分析，我们依然从该宣传片的体裁分解开始，该宣传片体裁逻辑遵循：描述改变历史的大事，引出中国的第一滴粮食酒——杜康酒

—杜康酒孕育了贯穿古今的酒文化—杜康酒的古法工艺和独特品质—回应开头，强调主题。因此，该宣传片的体裁结构包括 4 个故事或情节，这 4 个情节可再分为 16 个具体步骤。在每个动态步骤里，笔者分别截取有代表性的 16 个图像来代替其图像表意。

基于视觉语法，可得该宣传片图像意义的三种分布，如表 4-7 所示：

表 4-7 杜康酒品牌宣传片的图像意义分布

图序	代表性图像	再现意义	互动意义	构图意义
图 1		概念类图像 象征过程	无主体图像 提供类图像 冷色调	远处中正 取景
图 2		概念类图像 象征过程	无主体图像 提供类图像 冷色调	远处中正 取景
图 3		概念类图像 象征过程	无主体图像 提供类图像 冷色调	远处中正 取景
图 4		概念类图像 象征过程	无主体图像 提供类图像 冷色调	远处中正 取景
图 5		概念类图像 象征过程	无主体图像 提供类图像 冷色调	近处取景

续表

图序	代表性图像	再现意义	互动意义	构图意义
图6		概念类图像 象征过程	无主体图像 提供类图像 冷色调	近处取景
图7		概念类图像 象征过程	无主体图像 提供类图像 冷色调	远处取景
图8		叙事类图像 反应过程	有主体图像 提供类图像 冷色调 平视视角	远处取景
图9		叙事类图像 反应过程	有主体图像 提供类图像 冷色调 平视视角	远处取景
图10		叙事类图像 反应过程	有主体图像 提供类图像 冷色调 平视视角	远处取景
图11		概念类图像 象征过程	无主体图像 提供类图像 冷色调	近处取景

图序	代表性图像	再现意义	互动意义	构图意义
图 12		概念类图像 象征过程	无主体图像 提供类图像 冷色调	近处取景
图 13	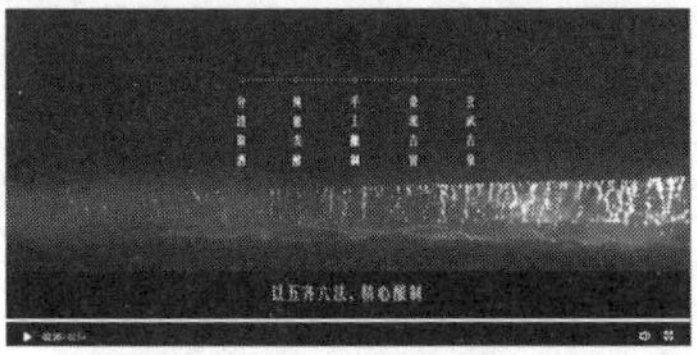	概念类图像 分类过程	无主体图像 提供类图像 冷色调	近处取景
图 14		叙事类图像 反应过程	有主体图像 提供类图像 冷色调 俯视视角	远处取景
图 15		概念类图像 分类过程	无主体图像 提供类图像 冷色调	近处取景
图 16		概念类图像 象征过程	无主体图像 提供类图像 冷色调	近处取景

在总计 16 张图像信息中，我们可以观察到，有 4 张图像属于叙事类，这类图像的特点是含有动作主体，即人的参与。这些叙事图像分别是图 8、图 9、图 10、图 14、它们展示了反应过程。本视频中所有的人物行为全是反应过程，他们通过展示图像中一个或多个参与者的目光的方向，传达了图中

人物沉浸在对酒的分享之中，从而营造出一种特定的氛围。符合该宣传片讲述故事的风格和体裁。

　　除这 4 张叙事类图像以外，其余的图像都属于概念类图像，即没有人物出现。在这 12 张概念类图像中，有 10 张是象征过程的表达，分别是图 1、图 2、图 3、图 4、图 5、图 6、图 7、图 11、图 12、图 16。这些象征过程充分体现了图像所蕴含的隐喻性表达，通过图像展示的内容向观众传达杜康所代表的文化。例如，图 3 中出现的山川，图 4 中出现的黄河，均象征河南和中原地区。图 5、图 6 象征着杜康酒的制造工艺和原料来源。除了象征过程，还有 2 张概念类图像属于分类过程，它们主要展示了杜康酒的制造工艺和原料来源，通过分类的方式让观众能够直观地看到杜康酒的内在构成。从这些代表性图像可以看出，在视觉效果营造上，设计者主要想突出概念类象征过程，进而凸显杜康酒的独一无二的属性，通过这些象征性图像的反复渲染，强化观众对于这一理念的理解。

　　在图像的互动意义表达上，这 16 幅画面全部是提供信息类画面，没有一幅和一个镜头属于索取信息类画面；由此笔者推测，该宣传片的设计者可能就是要以概念植入为主要目的，并不需要受众参与互动，以便以最简单、最快捷的方式把"中国第一滴粮食酒是杜康酒"的理念传递给每一个观看者。在宣传片的整体色调选择上，可以看到，整部宣传片色调全部为冷色调，冷色调给人以冷静、客观、真实的感觉，同时也能营造出穿越千年的时空感和氛围感。前文也提及，在画面上，该宣传片采用了虚实结合的拍摄方法，尤其在讲述杜康本人的故事时采用了水墨动画的效果，辅以古琴的伴奏，营造了舒缓的氛围，效果显著。因此，在表现杜康酒传统工艺和现在酿酒厂房时，也使用了冷色调处理，这保持了整部宣传片的基调，也使画面内容有了纪实客观的属性，更容易让观众信服。

　　在镜头的俯仰上，大部分镜头都是采用平视拍摄，这样可以让观众和消费者以相同的视角来欣赏和理解杜康酒。

　　图像的语篇结构表达基本上是采用中正镜头、远镜头取景。这种表达方式非常符合该宣传片倾向于故事片的体裁风格，使得整个画面看起来非常舒

服和具有故事性。总的来说，该宣传片通过中正镜头取景、大量远镜头、平视的方式进行拍摄，拉近了和观众的距离，表达了和观众进行交流的诚意，也强化了观众对杜康品牌的认同感和信任感。这种拍摄手法和构思，使得整部宣传片故事性更强，更具有传播性和感染力。

4. 基于表达层面的各模态间配合分析

多模态表意要求综合使用多种表意方式，当一种模态不足以清楚表达交际者的意图时，就需要另一种进行强化、补充、协同，达到更加充分表意的目的。在整个杜康酒品牌宣传片的多模态表意中，我们发现文字、图像和声音是有机结合、互相配合来表意的，呈现出一些优秀的特质，但也有个别地方存在不足。

(1) 模态间的强化

在杜康酒品牌宣传片中，各个模态的互相配合还是比较合适的。在整体风格上，该宣传片仍然是以图像模态作为主要表意方式。文字模态作为次要表意方式，以字幕的形式出现，属于对图像意义进行强化的关系，用来配合说明画面内容。在声音模态中，旁白在内容上与文字完全一致，只是在音调和节奏上有所把控，主要用来进行意义的强化和氛围的烘托，甚至比文字模态发挥的作用更大。该宣传片形成了"文字模态配合强化声音模态，声音模态配合强化图像模态"的关系。和仰韶酒声音模态仅有旁白不同，杜康酒的声音模态还叠加了古琴伴奏，旁白的声音也采用了较为柔和的男声娓娓道来，体现了该宣传片以故事片的方式讲述杜康酒传说的体裁和风格。但这种风格，只是为了传递特定的概念或观点，其信息传递量整体有限。此外，整部宣传片都没有索取类画面出现，调动观众思考和参与较少，与观众的交互性较弱，信息呈现单方面供给的状态。

(2) 模态间的补充

如前文所述，不同模态应基于语篇主旨共同表达交际者的整体意思，如果没有协调一致，就会造成信息的交叠和重复，也就造成两种或多种模态同时出现，却不能起到互相补充的作用。在杜康酒品牌宣传片中，字幕虽然对旁白的声音进行了补充，但如果在旁白的意义识别度很高的情况下，这些字幕与旁白的表述完全一致，在信息传递上没有附加、没有缩减，仅呈现出一种交叠，这就造成了一定的信息冗余现象。个别时候，字幕甚至不仅不能发挥强化补充的作用，还会对观看者的注意力形成干扰，造成其注意力分散。比较好的做法是，仅选择关键性的词句进行文字呈现，起到锚定意义的作用。在杜康酒品牌宣传片讲述杜康酒传统工艺时，直接采取了在画面上加文字进行凸显的方式，这一方面是着重强调工艺的独特性，另一方面也能加强观众对该传统工艺的认知。值得称道的是，在声音模态的呈现中，音乐的伴奏和旁白的讲解呈现非常不错的互补关系，对于营造氛围，带动整个故事的讲述发挥了重要作用。

（3）模态间的协同

多模态话语表征，要在话语范畴、话语基调和话语方式上表现一致。整体上要提升协调性。杜康酒品牌宣传片在协同性上做得非常优秀。在文字模态上，它在物性呈现上物质过程比较多，而整体文字表达的情态值很低。在图像表意上，象征类图像很多，提供类图像很多，整体的色调为冷色调，取景采用平视远景比较多。在声音模态上，旁白为男性中音，语速舒缓，娓娓道来，配乐是古琴，悠扬舒缓。这三种模态各自呈现的效果基本为同一个基调，且步调一致。各模态的配合协同比较融洽，整个视频的完成度也很高，很容易让观众沉浸到该宣传片营造的氛围中去获知相关信息。从这个角度上看，笔者认为该宣传片设计得比较成功。

第三节　宝丰酒品牌宣传片素材分类和分析

　　宝丰酒品牌宣传片展示于宝丰酒文化博物馆展厅。该宣传片采用虚拟
3D动画的方式呈现，利用酒文化博物馆内的大型弧面屏幕进行展示，给现
场观看的观众在视觉上留下强烈的冲击效果，吸引观众的注意力，为观众留
下深刻的印象。①

表 4-8　宝丰酒品牌宣传片素材分类和分析

情节	文字模态	图像模态	声音模态
情节 1： 宝丰地理位置 及宝丰鸟瞰	巍巍昆仑出秦岭； 南北秦岭出三山； 太行、伏牛、大别山； 三山之首伏牛山，伏 牛南北出两河； 沙河、汝河淮之源。		背景乐

---

　　①　宝丰酒业. 宝丰酒宣传片 ［EB/OL］. https：//v. qq. com/x/page/m0890y5w3hj. html, 2019-6-26.

· 130 ·

续表

情节	文字模态	图像模态	声音模态
情节 2： 宝丰酒独一无二的酿造工艺	豌豆、小麦、大麦粉碎制曲； 高粱一次清蒸； 清蒸高粱与酒曲拌匀入地缸发酵； 地缸发酵后二次清蒸成酒； 陶坛藏储成佳酿。		背景乐

情节	文字模态	图像模态	声音模态
情节3： 宝丰酒历史和名人诗词	唐时宝丰千人颂； 李白《月下独酌》； 宋徽宗命县名：物宝源丰，宋代宝丰香满城； 溥仪之弟溥杰诗词："每爱衔杯醉宝丰，香飞白堕绍遗风。开往继来传佳酿，誉溢旗帘到处同。"		背景乐加诗词旁白

情节	文字模态	图像模态	声音模态
情节 4：近现代宝丰酒的成就和辉煌	1915 年巴拿马太平洋万国博览会获最高奖"甲等大奖章"；1947 年豫鄂陕边区第五军分区建厂；1948 年更名"国营河南省宝丰县裕昌源酒厂"；周总理宴请外宾喝宝丰酒；2006 年改制为宝丰酒业有限公司。		背景乐

1. 基于文化层面的顶层设计分析

宝丰酒品牌宣传片在制作上独树一帜，其展现的语境与仰韶酒及杜康酒的品牌宣传片大相径庭。它独具匠心地放置在宝丰酒文化博物馆的展厅中，这是一个充满专业气息的地方，为的是让宣传片在这里发挥最大的作用。这里的观众也与众不同，他们要么是专业人士，要么是已经对宝丰酒博物馆有了初步了解的参观者。这与宣传片在电视或互联网上直接播放的效果有着天壤之别。该宣传片通过一块巨大的弧形 LED 屏幕进行展示，其视觉效果令人叹为观止，现场观众仿佛被带入了一个真实而又震撼的世界，体验到了极强的临场感。值得一提的是，这部宣传片并没有采用现实拍摄的方式，而是全程运用了 3D 动画制作，这无疑是宣传片制作上的一种创新。这样的制作主要是为了让来访的宾客能够通过身临其境的体验，深入了解宝丰酒的地理优势、独特的工艺特点、辉煌的历史成就以及近现代的发展历程。该宣传片的顶层设计理念是希望通过文字、图像、声音等多模态表意，让观看者在短短的 5 分钟内，对宝丰酒有一个全面而深入的了解，以此增强观看者对宝丰酒的认知，这无疑非常符合宝丰酒博物馆的定位和特定的语境要求。与上面提到的杜康酒宣传片相比，该宣传片的顶层设计并不是单纯为了传达某一个观点或者理念，而是更注重全面而深入地展现宝丰酒的魅力。

2. 基于语境层面的体裁结构分析

在这部宣传片中，设计者有着明确的设计意图，那就是希望观众能够更多地沉浸在欣赏影片的画面之中，因此，在语言表达上，宣传片选择了较为简洁的方式。此外，整个宣传片的主要表现形式是动画渲染，其精致美观的画面以及温暖的色调，共同营造出了一个温馨和谐的氛围，让人在观看的过程中，能够感受到一种舒适与愉悦。这部宣传片的体裁设计，针对特定的语境和观看对象进行了精心策划。笔者对这部宣传片进行了详细的梳理，发现其体裁逻辑遵循着一定的顺序：宝丰地理位置及宝丰鸟瞰—宝丰酒独一无二的酿造工艺—宝丰酒历史和名人诗词—近现代宝丰酒的成就和辉煌。在这部宣传片里，设计者对每一个情节的设计都进行了深入思考，力求将宝丰酒应该突出的亮点都呈现出来。在第一部分，主要突出了宝丰的地域优势。对于酿酒企业来说，当地的地理分布和自然生态，尤其是地理位置、气候状态、水土情况和特色粮食作物等，对酒的生产和品质有着至关重要的影响。因此，在内容呈现上，除了用动态地图进行宝丰地理位置呈现外，还用鸟瞰的效果呈现了宝丰优美的风景和自然状态。第二部分则重点介绍了宝丰酒的工艺特点。作为独具特色的清香型白酒，宝丰酒如何做到"清"，用现实拍摄的手法可能对非专业消费者来说不好理解，因此，设计者选择了用动画来做动态呈现，使得观众能够一目了然。酒文化是不可或缺的第三部分，因此，这部分宣传片通过宋徽宗为宝丰赐名的故事，展现了宝丰自古就是宝地，盛产美酒佳酿的传统。同时，著名诗人李白和溥仪弟弟溥杰的诗词，也分别在宣传片中呈现，以此来增加宝丰酒的人文性。第四部分，则呈现了近现代宝丰酒的成就和历史沿革。无论是博览会的金奖，还是周总理用宝丰酒宴请外宾的事件，都再次证明了宝丰酒不俗的品质。宣传片的结尾，是宝丰酒业目前所获得的各类奖项、称号、证书等，这些都是宝丰酒品质的最好证明。整部宣传片从顶层设计到内容呈现，都显得合理而有序，虽然内容众多，但各部分衔接自然，分布有序，给人层层递进的感觉，让人在观看的过程中，能够对宝丰酒有更深入的了解和认识。

3. 基于内容层面的多模态形式分析

（1）宝丰酒品牌宣传片文字模态分析

对宝丰酒品牌宣传片进行文字模态分析，如表4-9所示。

表4-9　宝丰酒品牌宣传片文字模态分析

序号	词组/小句	概念功能 （及物性分析）	人际功能 （语气情态分析）
1	巍巍昆仑出秦岭	存在过程	无
2	南北秦岭出三山	存在过程	无
3	太行、伏牛、大别山	非小句	无
4	三山之首伏牛山，伏牛南北出两河	存在过程	无
5	沙河、汝河淮之源	非小句	无

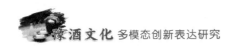

续表

序号	词组/小句	概念功能（及物性分析）	人际功能（语气情态分析）
6	豌豆、小麦、大麦粉碎制曲	非小句	无
7	高粱一次清蒸	非小句	无
8	清蒸高粱与酒曲拌匀入地缸发酵	物质过程	无
9	地缸发酵后二次清蒸成酒	物质过程	无
10	陶坛藏储成佳酿	非小句	无
11	唐时宝丰千人颂	物质过程	无
12	李白《月下独酌》	物质过程	无
13	宋徽宗命县名：物宝源丰，宋代宝丰香满城	物质过程	无
14	溥仪之弟溥杰诗词："每爱衔杯醉宝丰，香飞白堕绍遗风。开往继来传佳酿，誉溢旗帘到处同。"	物质过程	无
15	1915 年巴拿马太平洋万国博览会获最高奖"甲等大奖章"	物质过程	无
16	1947 年豫鄂陕边区第五军分区建厂司	物质过程	无
17	1948 年更名"国营河南省宝丰县裕昌源酒厂"	物质过程	无
18	周总理宴请外宾喝宝丰酒	物质过程	无
19	2006 年改制为宝丰酒业有限公司	物质过程	无

通过深入分析表 4-9 所详细展示的文字模态数据，可以清楚地发现，共有 19 个独立的词组或小句。在概念功能方面，物质过程的小句数量超过了总数的一半，具体来说有 11 个。存在过程的小句数量为 3 个，还有几个由于过于简单，不能算作小句，只能被视为词组，如图 4-4 所示。从文字模态的设计上我们可以推断，该宣传片并没有采用通篇语言讲解的方式，也没有以字幕的方式呈现整个讲解内容，而是根据画面信息，在重点部分呈现文字内容。这一做法一方面说明设计者希望观众把注意力集中在画面上，因为整个宣传片的内容和信息主要是通过画面来呈现的。另一方

面，在有限的文字部分，存在过程的小句主要集中在对宝丰地域的介绍上，对画面信息起到了补充和强化的作用。这样做的目的是让观众能够准确理解并记住宝丰的地理位置。而绝大多数文字信息则集中在宝丰酒的酿造工艺、文化特点以及历史发展上。通过精心安排这些主动作为的物质过程小句，成功地展现了宝丰酒一直以来的主动作为、积极进取的状态和精神。这种做法进一步强化了宝丰酒的主体地位，使观众对宝丰酒有了更深入的了解和认识。

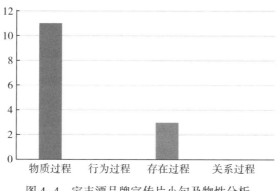

图 4-4　宝丰酒品牌宣传片小句及物性分析

在对文字的人际功能进行深入的剖析，并对构成部分进行详尽分析时，笔者发现，由于该文字模态相对较少，并且主要的作用是对画面信息进行强化和补充，所以，可以看到，在该宣传片的文字情感功能的实现上，所有的句子都没有运用语气和情态系统。这一点，从该片的设计思路上来看，也是可以理解的。毕竟，语气和情态系统在文字中的运用，主要是对文字的情感色彩和表达者的态度进行体现，而在该宣传片的文字表述中，由于画面已经对信息进行了直观的展示，因此，文字的表达更多是对画面的解释和补充，而不是对情感的渲染和表达。在该宣传片中，所有句子都避免了使用语气和情态系统，这也是该片设计思路的体现。

（2）宝丰酒品牌宣传片图像模态分析

对于该宣传片图像的分析，我们依然从该宣传片的体裁分解开始，该宣传片体裁逻辑遵循：宝丰地理位置及宝丰鸟瞰—宝丰酒独一无二的酿造工艺—宝丰酒历史和名人诗词—近现代宝丰酒的成就和辉煌。因此，该宣传片的体裁结构包括4个故事或情节，这4个情节可再分为20个具体步骤。在每个动态步骤里，笔者分别截取有代表性的20个图像来代替其图像表意。

基于视觉语法，可得该宣传片图像意义的三种分布，如表4-10所示：

表4-10　宝丰酒品牌宣传片的图像意义分布

图序	代表性图像	再现意义	互动意义	构图意义
图1		概念类图像 象征过程	无主体图像 提供类图像 暖色调	近处中正取景
图2		概念类图像 象征过程	无主体图像 提供类图像 暖色调	近处中正取景
图3		概念类图像 象征过程	无主体图像 提供类图像 暖色调	近处中正取景
图4		概念类图像 象征过程	无主体图像 提供类图像 暖色调	近处中正取景
图5		概念类图像 分类过程	无主体图像 提供类图像 暖色调	近处中正取景
图6		概念类图像 象征过程	无主体图像 提供类图像 暖色调	近处中正取景

续表

图序	代表性图像	再现意义	互动意义	构图意义
图7		概念类图像 象征过程	无主体图像 提供类图像 暖色调	近处中正取景
图8		概念类图像 象征过程	无主体图像 提供类图像 暖色调	近处中正取景
图9		概念类图像 象征过程	无主体图像 提供类图像 暖色调	近处中正取景
图10		叙事类图像 行动过程	有主体图像 提供类图像 暖色调	近处中正取景
图11		概念类图像 象征过程	无主体图像 提供类图像 暖色调	近处中正取景
图12		叙事类图像 行动过程	有主体图像 提供类图像 暖色调 平视视角	近处中正取景
图13		叙事类图像 行动过程	有主体图像 提供类图像 暖色调 俯视视角	近处取景

图序	代表性图像	再现意义	互动意义	构图意义
图 14		概念类图像象征过程	无主体图像提供类图像暖色调	近处中正取景
图 15		概念类图像象征过程	无主体图像提供类图像暖色调	近处中正取景
图 16		概念类图像象征过程	无主体图像提供类图像暖色调	近处中正取景
图 17		概念类图像象征过程	无主体图像提供类图像暖色调	近处中正取景
图 18		叙事类图像物质过程	有主体图像提供类图像暖色调仰视视角	近处中正取景
图 19		概念类图像象征过程	无主体图像提供类图像暖色调	近处中正取景
图 20		概念类图像象征过程	无主体图像提供类图像暖色调	近处中正取景

在总计 20 张图像信息中，我们可以观察到，只有 4 张图像属于叙事类，这类图像的特点是含有动作主体，即人的参与。这些叙事图像中，图 10、图 12、图 13、展示了行动过程，揭示了图中历史人物积极主动的行为——写就诗篇赞美宝丰酒。图 18 展示物质过程，反映周总理宴请外宾，大家饮酒时的状态，更多的是营造一种氛围感，以纪实的方式为宝丰酒背书。除了这 4 张有人物出现的叙事类图像以外，其余的图像全部都属于概念类图像，即没有人物出现。这些象征过程充分体现了图像所蕴含的隐喻性表达，通过图像展示的内容向观众传达宝丰酒所在区域风光、工艺特点、历史文化和发展沿革等，起到主体渲染和信息提供的作用。实际上，观看该宣传片，观众大部分时间是通过大屏幕接收影片提供的视觉信息的，这些大量的概念类图像就起到文字表达的作用，而且比文字表达更加直观、具象，传播效果也更好。除了象征过程，该宣传片中只有 1 张概念类图像属于分类过程，即图 5，主要展示了宝丰酒的原料类别来源，通过分类的方式让观众能够直观地看到宝丰酒的内在构成。该图像使观众能够更加深入地了解宝丰酒，增加了图像的丰富性和多样性。

在图像的互动意义表达上，全部 20 幅画面都是提供信息类画面。凡是提供类画面，都是多模态语篇的设计者希望给受众传递的客观信息或者高价值信息。宝丰酒品牌宣传片中的这些信息能够反映出宝丰酒的特色、内涵和文化传承。在宣传片的整个色调选择上，我们可以看到，该宣传片全片都采用了暖色调，而且画面都是通过计算机 3D 动画渲染出来的，给人以温暖、可爱、活泼的感觉。

4. 基于表达层面的各模态间配合分析

（1）模态间的强化

在该宝丰酒的宣传片中，各种模态表意方式融合展现出了一个清晰且有力的表意整体，这与其所要传达的情景语境的设定相得益彰。在模态的运用上，设计者明显做出了一些模态的选择和取舍，有意识地突出某些元素，以达到更好的传达效果。首先，为了最大限度地突出宣传片的视觉冲击力，该宣传片采用了大规模的弧面展示屏进行播放，使得图像成为传达信息的核心手段；同时，该宣传片摒弃了传统的旁白和画外音，转而使用背景音乐来营造氛围，使得观众在观看的过程中，可以更加专注于画面内容的解读。在这种设置下，文字模态的使用频率相对较低，其在信息传递过程中的作用也被相应弱化，更多的是作为一种辅助手段，用以加深观众对图像内容的理解和记忆。尽管如此，缺少旁白和文字描述并没有对观众的理解产生负面影响，反而使得观众能够将更多的注意力投入图像内容的解读上，从而在一定程度上提升了信息传播的质量和效率。然而，这种设置也存在一定的不足之处，即整个画面的信息呈现方式较为单一，主要以图像为主，缺乏其他模态的补充，这在一定程度上削弱了多模态传达效果与观众之间的互动性。在这种单一的信息供给状态下，观众在调动自己的主观能动性，进行主动思考、追问和反思方面的参与度会有所降低。

（2）模态间的补充

在传达特定语义的过程中，各种模态——包括文字、图像、声音等，应当保持意思表达的和谐与统一，这样才能够有效地服务于整个篇章的主题，共同实现交际的目标。一旦模态之间的表意出现不协调，便会产生信息的冗余与重复，各模态间应有的互补性便无法体现。以宝丰酒品牌宣传片为例，模态表达中并未包含讲解字幕和旁白，这一做法极大地降低了信息的干扰，有效避免了信息的冗余、意义的重复表达，以及模态间的相互干扰。该宣传片在处理文字模态方面的做法值得肯定，它仅挑选出关键性的片段以文字的形式呈现，这样做的主要目的是锚定核心意义并增强传达效果。特别是在展现宝丰酒的酿造工艺、李白和溥杰为宝丰酒创作的诗词，以及宝丰酒获得的各项荣誉时，短片均采用文字直接叠加在画面旁边来补充说明，以此加深观众对相关概念的理解和记忆。在声音模态的呈现上，该宣传片主要选择了伴奏作为背景音乐来营造氛围，并整体上保持了一种单一的伴奏，没有根据不同的剧情和情节作出相应的变化。实际上，根据剧情的不同增加一些配乐的变化，将能够创造出更多元化的氛围感，对于推动整个剧情的进展将发挥更大的作用。值得注意的是，短片当中唯一的一次画外音是对溥杰诗词的吟诵，其中包含了"每爱衔杯醉宝丰"这句直接表达宝丰酒的词句，因此显得尤为珍贵，需要通过额外的强化，使其得以口口相传，甚至达到朗朗上口的传播效果。

（3）模态间的协同

在宝丰酒宣传片中，各模态的协同主要凸显在声音模态和图像模态上。由于整个宝丰酒宣传片的顶层设计理念是利用弧面大屏通过沉浸式观影的模式让观众有种身临其境的观看"大片"的感觉。因此，文字模态在该宣传片中不是特别突出，没有同期声的语言介绍，画面中偶尔出现的文字也仅仅起到信息锚定的作用。该片主要通过 3D 渲染的动画画面展示浩瀚的宝丰地形地貌和酿制工艺，画面采用高饱和度的色彩和暖色调增加感染力，而与之协同的声音则全部用音乐伴奏配合，主要起到营造氛围和制造临场感的效果。可以说在宝丰酒的宣传片中，音乐伴奏主要是配合图像、突出图像，让观众在观看画面的同时有一种身临其境的感觉。

第四节　三个宣传片的对比分析

1. 三部宣传片顶层设计的不同导致体裁各异

为了在多模态表达中实现有效的叙事，设计者必须精心安排故事的结构，采用独创性的方式来讲故事。要讲好故事，就要有好的创意和思路，这也是多模态文化层面发挥的重要作用。顶层设计理念非常重要，其作为文化主要存在形式的指导意识，对体裁结构潜势产生了重要影响，决定了整个多模态语篇的结构框架。

比较前文中分析的三部酒类品牌宣传片的顶层设计和体裁结构，如表 4

-11 所示。

表 4-11　仰韶酒、杜康酒及宝丰酒品牌宣传片顶层设计和体裁结构对比

品牌	顶层设计	体裁结构
仰韶酒	从千年仰韶文化获得灵感，古法酿制与现代工艺相结合制作的仰韶酒，实现古今跨越千年的交融。	7 个情节安排： 仰韶文化源远流长。 仰韶文化和酒的关系。 仰韶酒和中原文化共存共荣。 现代仰韶酒继往开来。 仰韶酒的独特工艺。 呼应古今穿越千年的酒文化。 做出总结点题。
杜康酒	杜康酿造了中国第一滴粮食酒，从而开启了中国的酒文化新篇章。	4 个情节安排： 设置悬念，引发观众兴趣。 展示杜康酒孕育了贯穿古今的酒文化。 介绍杜康酒的古法工艺和独特品质。 回应片首，强调杜康酒为中国第一滴粮食酒的地位。
宝丰酒	全景式展示宝丰酒的区域优势、酿造工艺、酒文化和近现代发展及所获荣誉。	4 个情节安排： 宝丰地理位置及宝丰鸟瞰。 宝丰酒独一无二的酿造工艺。 宝丰酒历史和相关名人诗词。 近现代宝丰酒的成就和辉煌。

　　通过对三部不同宣传片的深入分析并对比其顶层设计和体裁结构，可以认识到，一个多模态话语语篇的顶层设计直接影响了其体裁的分布、媒体的互动和配合。在顶层设计中，文化层面的考量是核心，它决定了多模态语篇需要传递的理念、表达的文化内涵，这些都应该在确定体裁之前就明确。

　　以前述三部宣传片为例，仰韶酒品牌宣传片有着非常强烈的设计感，它全方位地呈现了仰韶文化和仰韶酒，紧紧抓住千年跨越这一主题，实现了古老文明和现代社会的交融，给人以专业、权威、正式的感觉。而且，这部宣传片是通过中央电视台面向全国播放，这无疑会提升仰韶酒在全国的知名度。

杜康酒品牌宣传片则抓住了"杜康酿造了中国第一滴粮食酒"的主题，以讲故事的方式缓缓道来杜康酒的文化和特色，走了小而美、短而精的路线，极具故事性和传递性。这种风格比较适合在互联网上进行小众化传播，如果在此基础上再开展一系列的杜康或杜康酒文化系列宣传片，将会达到更为有效的传播效应。

　　宝丰酒品牌宣传片则是充分利用了光电设备，在特定的场所进行较为专业化的全景化呈现。这种风格比较适合大型展会、酒文化体验馆和现场交互场景的推广和传播。

　　总的来说，三部宣传片各有特色，各有侧重点，但都体现了各自品牌的文化内涵和特色，它们的顶层设计和体裁结构都是围绕这一核心进行的，从而达到了各自的传播目的。

2. 三部宣传片顶层设计的模态选择各异

表4-12　仰韶酒、杜康酒及宝丰酒品牌宣传片各模态对比

宣传片	文字模态	图像模态	声音模态
仰韶酒	（柱状图：物质过程7，行为过程2，存在过程2，关系过程3）	11张图像属于叙事图像，其余的图像都属于概念类图像，图像色调为暖色调为主。大部分为提供类图像，含有部分索取类图像	采用了与文字一样的同期声，有字幕，无配乐
杜康酒	（柱状图：物质过程8，行为过程0，存在过程3，关系过程1）	16张图像信息中，只有4张图像属于叙事类，其余都是概念类图像。图像虚实结合，画面色调以冷色调为主。全部为提供类图像	采用了与文字一样的同期声，有字幕，有古琴配乐

续表

宣传片	文字模态	图像模态	声音模态
宝丰酒	（柱状图：物质过程约11，存在过程约3，行为过程、关系过程为0；纵轴0—12）	20 张图像信息中，只有4张图像属于叙事类，其余都是概念类图像。图像全部是虚拟图像。色调为暖色调。全部为提供类图像	无讲解，无同期声，采用配乐辅助，在诗词部分有朗诵

　　通过对这三部宣传片进行详细分析，可以深入理解它们在数据处理和模态运用方面的独特之处。特别是，在宝丰酒的宣传片中，我们发现它相对较少运用文字模态，而其他两部宣传片则较为均衡地结合了文字模态和图像模态。在文字模态的应用上，仰韶酒品牌宣传片的讲解部分使用了更多的情态动词，这使得其文字表述相较于其他两部宣传片而言，显得更加丰富和生动。这种情态的运用不仅能够增强文字的表现力，还能激发观众的思考，使其更深入地参与到宣传片的情境中来。尽管如此，大部分的文字表述仍然是低情态的，这反映出三部宣传片都在有意识地强调客观性、事实性和真实性，避免过多的情绪性或主观性表达，这与宣传片的体裁特性是相吻合的。然而，适当的情态丰富性对于增加语篇的交互性和吸引力是很有帮助的，如在某些情节设计中，适当增加一些高情感的文字表达，或许能够进一步提升表达效果。

　　在图像表达方面，仰韶酒的宣传片中包含了较多的主体叙述性图像，这反映出设计者积极参与和主动表达的意愿。例如，仰韶酒宣传片通过展示远古先民的动作和现代仰韶人的动作，直观地展现了这种导向。相对而言，其他两部宣传片中，无主体的概念类画面更为常见，这些画面多用于营造氛围和向观众提供高价值信息。在图像情态的选择上，仰韶酒品牌宣传片和宝丰酒品牌宣传片都倾向于使用暖色调，这种色调给人以温暖和谐的感觉，与大多数宣传片的基调相契合。而杜康酒品牌宣传片则采用了冷色调风格，这种创新性的处理给人以耳目一新的感觉，同时也与中国传统水墨风格相呼应，增添了宣传片的文化底蕴。尤其是当这种冷色调与古琴音乐相结合时，更能产生出良好的视听效果，这种创新和构思是非常值得称赞的。

　　在声音模态的处理上，三部宣传片展现了不同的取舍。仰韶酒和杜康酒都选择了结合文字字幕和语音讲解的方式，其中仰韶酒的语音讲解风格正式、激昂，与宣传片所要传达的历史感相得益彰。而杜康酒的语音讲解则更为柔和，娓娓道来的方式使故事更具感染力，同时古琴的伴奏也增强了氛围感。相对地，宝丰酒没有采用语音讲解，而是选择突出画面效果，通过增加配乐来提供氛围感，同时在诗词部分运用了同期声进行吟诵，既增添了诗词的魅力，也更容易吸引观众的注意力，提高他们对诗词的兴趣和记忆。

第五章　豫酒文化多模态创新表意策略

第一节　高度重视文化层面的顶层设计分析

在探索豫酒文化的多模态创新表达过程中，文化层面的顶层设计扮演了至关重要的角色。因此，必须深入挖掘豫酒文化的独特性和丰富内涵，将其作为表达的核心元素。对历史、传承、工艺等文化因素的精准把握，有助于为豫酒打造独特的品牌形象。此外，还应该充分融合当地特色文化，与豫酒的发展紧密结合。例如，可以融入豫剧、豫菜等传统文化元素，形成豫酒独特的品牌文化符号。同时，需要注重豫酒行业与本地其他行业的协同发展，借助文化交流和合作，进一步丰富豫酒文化的内涵。

对豫酒文化的深度研究和对豫酒文化元素的理解，可以为多模态表达的创新提供具体的指导和支持。

首先，设计者需要对豫酒文化的核心价值、哲学思想和传统精神进行深入解读。这些文化元素是多模态表达的灵魂和精髓，是创新表达的基础。通过准确把握这些文化元素，可以在创新表达中融入自己的创意和个性，实现与传统文化的有机结合。在前面的章节中，笔者提到河南是中原文化之根，豫酒文化蕴含了中原文化的全部特点，可视为中原文化象征。应将"中通、中庸、中正、中和"作为豫酒文化外宣的主旨，并以此构建特色化的"豫酒"话语体系和特色化表达，进而在继承和发扬中原传统文化的基础上，提炼标识性概念，打造易于为全社会所理解和接受的豫酒文化多模态表述。"中"的核心表达内接中原文化核心内涵——"中通、中庸、中正、中和"的理念，外接中原地域位居"天地之中"的独特区位优势。因此，通过豫酒文化内涵的演绎和传播来展示中原"居天地之中""中庸和谐""仁爱礼仪"和"道法自然"的理念更易于全社会不同地域、不同民族，甚至不同国家的人们所接受，也更能凸显豫酒相对其他地域酒的区别性特征。

其次，设计者在进行顶层设计时，还需要思考豫酒文化对当代社会的意义和价值，以及对人们生活和情感的影响。通过与当代社会需求的结合，可以找到更有针对性的创新表达方式。例如，根据市场调研结果和消费群体需求，可以将豫酒文化与年轻人的时尚生活方式相结合，推出适合年轻消费者的新产品和营销策略，从而激发他们对豫酒文化的兴趣和认同。

再次，设计者需要考虑如何通过多模态表达来传达并传承豫酒文化。可以通过视觉、听觉、嗅觉等不同的感官刺激，以及互联网、社交媒体等不同的传播渠道，全方位地展现豫酒文化的内涵和特点。例如，可以利用影像艺术和音乐创作，结合豫酒文化的符号和景象，将其转化为多模态表达的艺术品或作品展示，从而帮助人们更深入地了解和体验豫酒文化的魅力。

最后，设计者需要遵循文化传承与创新的统一原则，在保留传统的基础上创造出具有时代特色的表达形式。考虑到当代快节奏的生活方式和多样的信息传播方式，多模态表达的创新还需要与多元化的消费群体进行呼应。因此，在设计顶层策略的过程中，要注重平衡传统和现代、经典和创新的关系，使豫酒文化的多模态表达具备广泛的吸引力和影响力。

第二节　注重不同语境层面的叙事方式分析

豫酒文化的多模态表达，是一种将声音、图像、文字等多种表达方式融合在一起，以丰富、生动的形式展现豫酒文化的独特魅力的方式。这种方式不仅需要在文化层面进行顶层设计，还需要根据不同的语境，灵活运用合适的叙事方式，以达到最佳的表达效果。在第五章分析的三部豫酒宣传片中，其采用的叙事方式各不相同，各自基于特定情景语境设计了独特的叙事方式，正是这种多模态表达的生动体现。

在市场推广中，我们可以选择故事叙事，通过讲述豫酒的历史和传奇故事，吸引消费者的注意力，激发他们对豫酒的兴趣和认同感。比如，我们可以讲述豫酒是如何在漫长的历史长河中，历经沧桑，却依然保持着独特的品质和风味；我们也可以讲述那些与豫酒相关的历史人物和传奇故事，让消费者在享受美酒的同时，也能感受到一种深厚的历史底蕴。

在文化传承中，我们可以运用情感叙事，强调豫酒对当地人民的重要意义和情感纽带，进一步推动文化传承。比如，我们可以通过讲述人们与豫酒相关的日常生活，展示豫酒在人们心中的地位，以及它对人们情感的影响。

同时，在数字化时代，我们要善于利用新媒体平台，采用生动形象的影像叙事方式，让更多年轻人参与到豫酒文化的传播中来。比如，我们可以在社交媒体平台上发布豫酒的制作过程、品鉴技巧等相关内容，以轻松幽默的方式吸引年轻用户的关注。

不同的语境背景对叙事方式有着明显的影响，因此，需要根据具体情况进行分析和选择。

首先，要考虑豫酒文化的受众群体与语境之间的关系。不同的受众群体对豫酒文化有不同的认知和接受程度，因此，在选择叙事方式时要根据目标受众的特点进行针对性的设计。比如，对于年轻人群体，可以采用较为活泼、时尚的叙事方式，以吸引他们的注意力和兴趣；而对于传统文化爱好者，可以采用古朴、沉稳的叙事方式，强调豫酒文化的历史和传承。

其次，要考虑豫酒文化的展示场景与语境之间的关系。豫酒文化可以在多种场景中进行展示，比如博物馆、酒文化节、商务活动等。在每个场景中，叙事方式的选择也会有所不同。例如，在博物馆中，可以通过富有故事性和互动性的叙事方式展示豫酒的历史和制作工艺，让参观者更好地体验豫酒文化；而在商务活动中，可以采用简洁明了的叙事方式，突出豫酒的品质和口感，以吸引客户和合作伙伴的关注。

最后，要考虑豫酒文化的传播渠道与语境之间的关系。豫酒文化的多模态表达需要适配不同的传播渠道，包括传统媒体和新媒体平台。不同的传播渠道具有不同的特点和用户特征，需要根据具体情况选择恰当的叙事方式。比如，在电视广告中，可以通过精美的画面和音效来展现豫酒文化的魅力；而在社交媒体平台上，可以采用轻松幽默的叙事方式，与年轻用户进行互动。

第三节　各表意模态的人际意义的实现

多模态表达中，不同的表意模态承担着不同的角色，共同构建豫酒文化的人际意义。比如通过文字表达，可以运用富有诗意的文字描写，让人们更好地理解和感受豫酒文化的丰富内涵。通过视觉传达，可以创造丰富的视觉形象，体现出豫酒的独特风貌，使观者产生情感共鸣。通过声音传播，可以运用音乐、歌曲等方式打造独特的音频符号，让豫酒文化更具感染力和记忆点。通过身体语言传达，可以通过演示、展示等方式展示豫酒制作过程，增强观众的亲身体验和参与感。通过交互体验，可以设置互动环节，让观众在参与中更直观地感知和理解豫酒文化。

正如前章对三个豫酒案例的分析所示，不同多模态表达构建人际意义方式不同，承担的角色也不一样，设计者要有所取舍。

图像模态除了能够直观传递信息，还能够创造一种丰富的视觉形象，让人们在欣赏的过程中，感受到更深层次的内涵。通过图像模态，可以充分描绘豫酒的独特风貌，让更多的人了解并认识到豫酒文化的独特魅力，这是一种直观、生动的表达方式，能够为更多的人所接受。

图像模态是最为直观和有效的方式，其可以创造丰富的视觉形象。通过实景拍摄或虚拟动画图像，可以将豫酒的独特风貌展现出来，从而引发观众的情感共鸣。图像可以高度还原豫酒历史的沿革，豫酒制作的各个环节，如选材、发酵和储存过程，呈现出这种文化的独特工艺和历史积淀，甚至可以直接对豫酒酒体的状态进行呈现，展示盛装在玻璃器皿中流动的酒液。这些视觉图像对于构建人际关系最为直观，效果也更好。

声音模态的作用主要是营造氛围感和设定特定的意境，以及为画面提供信息支撑。声音模态通过音乐、歌曲等手段来打造独特的音频符号，以此来传达特定的文化和情感。在豫酒文化的传播中，声音模态起着至关重要的作用。首先，可以通过制作独特的音频背景来传播豫酒文化。这种音频背景可以是豫酒的历史故事、传统酿造工艺的介绍，也可以是豫酒品牌的特点和优势。通过音乐、歌曲等形式，将这些信息融入音频中，使得听众在欣赏音乐的同时，也能了解到豫酒文化的内涵。这样一来，豫酒文化就不再是抽象的概念，而是通过声音模态变得具体、生动，更容易被人们接受和记住。其次，声音模态可以提升豫酒文化的感染力和记忆点。音乐、歌曲等音频元素具有强烈的情感表达力，能够触动人们的内心。当通过声音模态展现出豫酒文化的独特魅力时，人们会对这种文化产生浓厚的兴趣和情感共鸣。同时，通过创意编排和设计可以使得豫酒文化更加生动、具体，可以使豫酒文化的传播更具吸引力和便于记忆，让人们在听到相关音频时，能够迅速联想到特定的豫酒文化，从而加深对这种文化的认知。因此，我们应该充分利用声音模态的优势，将其作为豫酒文化传播的重要手段，让更多的人了解和喜爱豫酒文化。豫酒具有独具魅力的区别性特征。特定的旋律往往能够给观众带来特定的氛围，针对不同豫酒宣传片的设计风格和体裁，面向不同的受众，应选择不同的配乐，或慷慨激昂或温柔缠绵，好的旋律能将观众带入一个特定的感官世界。

　　当然，声音模态不单纯只包含音乐，画外音的设计也很重要。一方面，它是对图像的意义补充，可以减少观众理解画面的难度，更加便捷地带领听众走进豫酒的故事之中。另一方面，在讲述的过程中，也可以通过语音语调来引导和感染观众，将观众引入了丰富多样的视觉和听觉想象空间，让他们从心灵深处感受到豫酒文化的独特风貌和千年文化积淀。在适当的旁白和恰如其分的配乐中，观众会被感染，其内心会产生共鸣，从而进一步增强对豫酒文化的理解和记忆。

　　文字模态通过使用丰富的文字描写，使得所要表达的内容更加生动形象，深入人心。这种表达方式，不仅让读者能够感受到文字所传达的信息，更能够让他们产生一种身临其境的感觉，从而更加深入地理解和感受到豫酒文化的内涵。这种文字模态表达方式，在传播豫酒文化方面具有极高的价值，因为它不仅能够吸引更多的人关注和了解豫酒文化，更能够让他们对豫酒文化产生一种深深的热爱和敬仰，从而推动豫酒文化的传承和发展。文字模态主要起到锚定意义，增加表述的易懂性和感染力。在文字模态中，一方面，可以采用比较质朴的文字进行信息呈现，提高语篇表述的客观性和真实性。另一方面，也可以运用富有诗意的文字描写，让人们更好地理解和感受豫酒文化的丰富内涵。透过文字的细腻描绘，我们可以感受到豫酒在制作过程中所蕴含的工艺之美和传统的智慧。此外，文字模态的设计，可以在语气和情态上增加一些高情态表达的方式，便于调动观众积极思考，使其主动参与到意义的理解和构建上，可以以反问句、疑问句、情态动词的高频使用来实现这一点。文字是抽象的，所以相对于图像和声音，文字产生丰富的联想。一段好的文案设计，可以让人印象深刻，永久记忆。如果能通过文学的表达方式，让豫酒文化在人们心中扎根，并传承下去，那更是意义非凡。毕竟，文学的力量可以使人们更加深刻地理解和感受豫酒文化的深远意义，让人们在品尝豫酒的同时，也能够体会到一种精神层面上的满足和愉悦。

　　除了上面三种主要表意模态外，其实身体语言也能够传达特定信息。

身体语言传达在传播豫酒文化中的重要作用，尤其体现在豫酒体验馆或者豫酒展会上。通过实际演示豫酒的制作过程，观众可以目睹并感受到每一个环节的精细操作和严谨工艺。这种亲身体验能够使他们对豫酒的制作过程产生更深刻的认识和理解，从而增加对豫酒的兴趣和认同感。其次，通过展示豫酒的制作过程，可以传播豫酒的文化内涵和传统技艺。豫酒作为中国传统文化的重要组成部分，其制作过程蕴含着丰富的历史和文化内涵。通过展示豫酒的制作过程，可以让观众了解到豫酒背后的故事和文化传承，进一步加深对豫酒文化的认识和理解。因此，通过身体语言传达，可以有效地传播豫酒文化，增强观众的亲身体验和参与感，使他们更深入地了解制作过程和技艺。观众可以通过目睹酿酒师、品酒师或豫酒鉴定师，如何现场演绎豫酒的制作、品鉴或摆放来增进对豫酒的理解和喜欢。中原地区也出产名瓷，各种盛酒的器具琳琅满目，相关专业人员也可通过展示豫酒的各种器具和礼仪向观众更好地呈现河南酿酒的历史渊源、文化内涵和酒风酒礼。这种身体语言的呈现，让观众身临其境感受到了豫酒文化魅力，增强了对豫酒文化的认同和情感共鸣。

除了工作人员或专业人员的身体语言呈现外，也可以提高观众参与的主动性和积极性。因此，交互体验在多个维度上对提升用户感知和使其深入理解豫酒文化起到了至关重要的作用。这些互动环节不仅仅有静态的展示，还能够让用户积极参与其中，通过实践活动来感知豫酒文化的丰富内涵。在这个过程中，参与者可以亲自参与到相关活动中去，例如，他们可以亲手尝试豫酒的酿造过程，从原料的选择到酿造的每一个步骤，都能亲身体验。又或者，参与者可以亲自品鉴不同种类的豫酒，通过对比了解每一种酒的特点和风味。这样的体验方式远比单纯的观看或听取介绍更能让人印象深刻，也更能激发人们对豫酒文化的兴趣和好奇。此外，这种交互体验还能增强观众的参与感和体验感。传统的酒文化介绍可能较为单一和枯燥，但通过交互体验，观众可以成为体验的主体，这种角色的转变会让观众感到更有参与感。他们在参与的过程中，不仅能学到知识，还能感受到乐趣，这种体验感是传统方式难以比拟的。交互体验带来的效果和意义也是显而易见的。首先，它能让参与者更深入地了解豫酒文化，这种了解不仅仅是知识层面的，更是体验层面的。其次，通过交互体验，参与者对豫酒文化的兴趣会被大大激发，这有助于豫酒文化的传播和推广。最后，这种体验方式也能提升参与者对传统文化的认识和尊重，从而有助于传统文化的保护和传承。

第四节　不同模态意义实现的互相配合

在深入挖掘和传播豫酒文化的过程中，我们致力于探索多模态的创新表达方式。这就要求我们在各种表意模态之间实现紧密的配合，使它们能够相互加强并补充，共同构建起一个立体的豫酒文化表达体系。例如，我们可以通过视觉和声音的相互呼应，共同营造出一种独特的视听体验，从而使人们能够从多个感官层面上对豫酒文化有更深入的理解和感受。同时，我们也可以通过文字和身体语言的结合，更加全面地揭示豫酒的价值和特色，让观众能够直观地感受到豫酒文化的魅力所在。此外，交互体验的引入，可以进一步激发豫酒文化的体验价值，让观众在参与和互动中，增强对豫酒文化的记忆和体验深度。

在实际的多模态应用中，各种表意模态之间大体会形成互补关系和非互补关系。各模态互相作用，通过设计者的选择，共同作用来提升传达效果。

比较图像模态和文字模态，可以发现，图像模态能够构建出更多的概念过程和叙述过程等过程要素，而文字模态则能够构建出更多的"参与者"和"环境"要素。在豫酒文化的传播过程中，不同的模态会强调不同的重点，因此，我们需要根据不同的传播目的和受众需求，灵活运用各种模态，以达到最佳的传播效果。这就是在豫酒文化的多模态创新表达过程中，各种表意模态如何实现紧密配合、相互加强与补充的原理。通过这种创新表达方式，我们希望能够让更多的人了解和喜爱豫酒文化，从而使其得到更好的传承和发展。

第五节　不同模态表意效果的媒体选择

在探讨多模态表达的影响时，我们应当深入分析不同媒体渠道的信息传递效果差异。在选择媒体策略时，必须细致考量目标受众群体、信息传播途径以及表达效果之间的协调性。在推广豫酒文化的多模态表达实践中，选择合适的媒体平台是确保信息准确传达并吸引受众的关键步骤。豫酒的传播策略应紧密结合其传播平台的文化符号，以此强化其品牌文化的标识。豫酒的客群受众主要为具有一定消费能力的中青年群体，因此，针对这一目标群体的媒体选择尤为重要。例如，车载广播在交通高峰期间提供了与有车一族长时间的接触机会；电视平台适合家庭聚会的温馨时刻；报刊则是精英人群获取信息和休闲阅读的首选；而遍布大街小巷的路牌和海报墙体广告，则以其高覆盖率和密集的受众接触点，成为传统媒体中的重要一环。这些传统媒体不仅拥有庞大的受众基础，还具有较高的社会信任度，能够有效提升品牌的市场知名度和公众美誉度，向消费者传递出企业实力雄厚、注重品质、内涵丰富的品牌形象。

随着传统媒体与网络新媒体的深度融合，豫酒品牌可以更全面地利用这一趋势。一方面，传统媒体的权威性和专业性可以为品牌提供强有力的背书；另一方面，新媒体的灵活性和便捷性则使得品牌宣传和推广更加高效。这种多角度的融合策略，为豫酒品牌的传播提供了更广阔的空间和更深层次的影响力。此外，为了深化豫酒的文化形象，采用多种宣传方式进行故事营销是不可或缺的。故事营销作为一种传统的品牌营销模式，在新媒体时代依然展现出其独特的价值。通过演绎企业历史、人物传奇、文化故事或创造性的传说，故事营销能够在传播过程中激发消费者的兴趣和共鸣，提高消费者对品牌核心属性的认可度，从而实现品牌的经济利益。故事作为信息传播的理想载体，能够深入人心，引起共鸣，促使受众自发传播，其传播的广度和深度远超单纯的广告。因此，品牌故事必须紧密围绕品牌文化的核心，体现品牌理念和精神，以确保受众的关注能够有效地从故事转移到品牌本身，增强宣传的整体效果。豫酒拥有丰富的历史文化底蕴，其中不乏引人入胜的饮酒典故，这些都是宝贵的资源，有待进一步开发和利用。同时，豫酒品牌在发展过程中也形成了独特的品牌文化故事，通过创意的表现形式进行故事营销，可以有效地展现品牌特色，增强传播的影响力。

　　前文曾提及，文字模态主要用于意义的锚定和信息的准确传递。当然，是用简单的文字进行意义凸显，还是用较多的文字进行详细阐释，取决于设计者的意图和需要呈现的效果，并非多多益善。

　　声音模态主要的价值在于营造氛围感和提供语音信息，一方面，它和文字模态有相似性，可以帮助受众准确快速地理解语篇意义，不至于产生歧义或对图像模态产生额外过多的阐释和解析。另一方面，它可以营造语境和氛围，能通过声音营造的环境把观众代入到某个特定的语义场中，从而提高或加速观众对多模态语篇的理解能力。因此，它更多的是扮演一种模态的强化功能。但凡事过犹不及，比如在已经有文字模态的情况下，仍然有语音的讲述，鉴于观众看文字理解的速度远远高于听力理解，就会造成信息重叠、注意力分散的问题。

　　模态的配合使用除了要考虑受众的接受程度以外，还要考虑多模态语篇传播的媒体和途径。正如在前文中分析的三部豫酒宣传片，它们的传播媒介都不一样。有选择官方权威媒体平台的，有选择网络平台的，还有是在特殊场馆进行传播的。因此，在多模态间的配合选择上，一定要考虑媒体或渠道的特点以及不同媒体的受众特点。在当今信息化迅速发展的时代背景下，互联网媒体已成为推广豫酒文化的关键平台。通过社交媒体的广泛应用，豫酒文化得以与年轻群体建立紧密联系，有效地传递其深厚的文化内涵和独特的艺术魅力。通过高质量的视觉内容，如精美的图像和引人入胜的视频，豫酒的独特香气、丰富的色彩以及悠久的历史背景得以直观地呈现给广大用户，极大地激发了公众对豫酒的好奇心和探索欲。此外，通过在互联网平台上举办线上品酒会、直播分享等互动活动，不仅能够吸引消费者的积极参与，还能显著提升豫酒品牌的认知度和市场影响力。

　　尽管互联网已成为豫酒宣传的主要阵地，但酒类产品具有特殊性，它在一定程度上能反映当地经济状况，因此被精英群体关注的传统媒体，包括电视、报纸和杂志，仍然是推广豫酒文化不可或缺的渠道。这些媒体具有特定的受众群体，覆盖面大，具有一定权威性和公信力，能够将豫酒文化的影响力扩展到更广泛的群体中。通过电视广告、专题报道和文化刊物，与知名媒体合作，推出特色节目或专栏，能够使豫酒文化得到更为深入和系统的介绍，进一步提升其在消费者心中的形象和价值。

　　另外，音频媒体，如广播和播客，也是传达豫酒文化的有效途径，也不可忽视。很多消费者有开车听广播的习惯，比较流行的调频电台也非常受群众欢迎，这都是豫酒现有和潜在消费的主要群体对象。通过这些平台，就能突出声音模态的优势，结合恰当的声音效果、背景音乐和专业的讲述，可以在听觉上传达豫酒文化的独特魅力。

　　综上所述，豫酒多模态语篇构建的模态选择，首先，要以传播效果为导向，合理恰当选择不同模态的配合比例和程度。其次，要考虑媒体的属性，在选择媒体时，应综合考虑互联网媒体、传统媒体和音频媒体的优势和特点，并根据目标受众和表达效果的要求进行适当的组合。例如，在互联网媒体方面，社交媒体平台如微博、微信公众号等成为分享和传播文化资讯的重要渠道。通过在媒体平台上传播分享精心构思的多模态内容，如照片、音频短片、文字描述等，可以引起观众的兴趣和注意。例如，可以通过微博以图像的方式展示豫酒文化的多样性，通过微信公众号对更多豫酒文化详细丰富的内涵进行深入解读和传播。在传统媒体方面，电视、广播和报纸仍然扮演着重要角色。电视节目，尤其是文化纪录片，可以通过文字、图像和音乐的结合，生动地展现豫酒文化的历史、制作过程和地域特色。广播节目则可以通过声音的表达，传达出浓厚的文化氛围和传统价值观。报纸与杂志可以提供更为具体和深入的文字解读，帮助读者更好地理解和欣赏豫酒文化的魅力。此外，利用影视作品也是传播豫酒文化的重要手段。可以结合电影、纪录片和网络剧等形式，通过情节的设置、人物的塑造和景色的呈现，向观众展现豫酒文化的独特之处和深厚底蕴。通过多样化的媒体选择和灵活运用，豫酒文化的多模态表达将能够更全面、更深入地展示其独特魅力，实现更具影响力的宣传与传播效果。当然，还有一些现场推广的平台和场景，如与豫酒文化相关的艺术节、展览和演出等活动，也可以综合使用不同模态，从而在现场吸引更多人来体验和了解豫酒文化。

第六章　豫酒文化外宣传播的综合建议

第一节　构建豫酒品牌统一 IP

符号学理论认为，我们每个人都生活在一个符号的世界中，我们所处的世界，本质上是一个由符号构成的宇宙。无论是语言的词汇，非语言的神态、身体的动作，还是日常的物品，无一不是符号的体现。人类通过将现实世界的事物转化为符号，并赋予其特定的意义，进而进行信息的编码与解码，实现了知识的传递与交流。

品牌以其独特的身份出现，成为商业领域中的一种重要符号。美国市场营销协会为品牌的定义提供了一个清晰的视角：品牌是名称、符号、设计的集合体，或是这三者的有机结合，其目的是区分某个销售者或销售集团与其竞争对手，以及他们所提供的商品和服务。简而言之，品牌就是一种识别的标志，一种在市场竞争中脱颖而出的符号。张树庭认为，品牌是由识别符号系统、实体产品或服务和附加价值组成的消费交流的符号。其中，识别符号系统包括了品牌名称、品牌标识、品牌包装、品牌声音以及传播用语等外在形式。[①] 这些

---

① 张树庭. 论品牌作为消费交流的符号 [J]. 现代传播，2005（03）：78-80+83.

符号系统使得品牌与竞争产品区分开来，能够帮助消费者在众多同类产品中迅速定位与识别品牌，是品牌价值的重要载体。在当今消费文化高度发达的社会，消费者的购买行为不仅仅是为了满足基本需求，更多的是追求符号层面的消费——即消费物品所承载的意义。因此，品牌除了提供满足基本需求的产品外，还必须提供额外的功能性附加价值和情感性附加价值，以满足消费者在情感和精神层面的需求。因此，品牌作为一种符号，不仅仅是商品的标识，更是消费者与品牌之间情感联系的纽带。在激烈的市场竞争中，品牌的符号价值成了区分优劣、赢得消费者青睐的关键因素。因此，品牌建设和管理的核心任务，就是不断提升品牌的符号价值，使其在消费者心中占据不可替代的位置。

豫酒文化作为地方特色文化的代表，其独特性和价值需要通过一个统一的品牌得以准确传达，也可以称之为品牌 IP。笔者建议创建一个具有辨识度和影响力的豫酒品牌统一 IP。在第一章中，笔者尝试以"中"作为豫酒的核心，那么以"中"为核心演化出来的四种理念、四种精神和文化的具体再现和表征就可以作为不同豫酒的文化宣传的内涵。比如，以仰韶酒、贾湖酒所体现的河南根亲文化，以杜康酒、宝丰酒和五谷春酒为代表的起源文化，以赊店酒、张弓酒、豫坡酒为代表的诚信文化；以宋河酒、皇沟酒、寿酒、鸡公山酒为代表的和合文化。

通过明确并统筹整合各个品牌的核心元素和形象，可以确保在宣传中呈现出统一连贯的视觉风格和情感内涵。此外，可以借助公众人物及明星代言等方式，使品牌形象更加有说服力和亲和力，从而提升豫酒品牌的知名度和认可度。除了文创产品的开发，豫酒品牌与游戏、动漫、影视等合作开发白酒主题游戏、动漫周边、影视作品都是打造品牌 IP 的重要手段。在这些作品的开发过程中，要注意以展现白酒知识、品牌历史、文化内涵为核心，着力表现豫酒悠久的历史故事和品牌文化，帮助消费者了解品牌背后的故事，增强消费者对品牌的认同感和亲切感，从而提升豫酒品牌价值，增强文化属性。

深度挖掘可转化成中国酒文化 IP 的象征、符号、传统文物和当代衍生品，推动网络影音、资讯等数字内容精品化发展，提升数字内容原创水平和产品质量。建设优质 IP 项目库，培育一批优质数字原创作品和精品 IP。围绕优质 IP，通过酒业上下游各个板块，构建以大 IP 为核心的内容闭环，形成具有深远影响力的品牌。坚守中华酒文化立场、传承中华酒文化基因，坚持创造性转化、创新性发展，践行"共同富裕、美酒相伴"，建设"大型系列酒文化活动+酒业文化+产区文化+文化街区+基础研究+品牌文化+酒类文创+国内外传播+消费者转化+低碳文化"的高质量"世界级中国酒文化 IP 生态链"，打造出"世界级中国酒文化 IP"，全力助推中国酒业转型升级、高质量发展，创造全球酒业一体化下的中国酒文化辉煌。

第二节　各品牌构建统一的产品线

在现代商业中，"营销 4P"理论中的"产品"要素，无疑是构筑企业竞争力的基石。对于白酒行业而言，这一原则显得尤为重要。白酒企业的核心竞争力，或者说其未来的发展潜力，归根结底取决于其产品力的强弱。产品不仅是品牌形象的具体体现，更是企业生存与发展的根本所在。因此，产品战略在企业战略体系中占据着至关重要的地位。

在白酒行业的激烈竞争中，品牌化竞争已成为主流。豫酒企业不仅要关注产品的销售，更需致力于品牌的打造与建设。这意味着，企业要想实现高效发展，必须以品牌建设为核心，通过精心设计的产品线布局，最大化地提升品牌建设的效率。产品线的设计，应当紧密结合企业当前的实际情况，充分利用现有资源，以最高效的方式推动企业的发展。一般来说，一个企业应该拥有顶级产品线、高端产品线、主力产品线和中低端产品线。基于上节谈到各豫酒文化 IP，各豫酒企业可以为不同产品线的产品进行文化赋能和命名，如仰韶酒彩陶坊系列的"天时、地利、人和"高中低三个产品线。

此外，产品线的优化不仅关乎产品本身的创新与升级，更涉及对市场定位、消费者需求分析以及竞争对手策略的深入研究。企业需要通过市场调研，精准把握消费者的需求变化，同时密切关注行业动态，以便及时调整产品策略，确保产品线能够持续满足市场和消费者的需求。总之，白酒企业在追求高效发展的道路上，必须将产品力的提升作为核心战略，通过科学合理的产品线设计，实现文化赋能和包装调性、产品卖点、品牌形象、与品牌要素的有效协调，实现品牌的有效建设和市场的持续拓展。这不仅是豫酒企业生存的关键，更是其在激烈竞争中脱颖而出的重要途径。

第三节　制作豫酒文化系列纪录片

纪录片作为一种受众广泛且具有高度权威性的影视形式，可以为豫酒文化的传播提供有力支持。笔者建议制作一系列关于豫酒文化的纪录片，从多个维度展现豫酒的历史、工艺、传承等方面的精彩内容。通过精心策划和制作，能够使纪录片既具有艺术性和观赏性，又深入浅出地解读豫酒文化的内涵，吸引更多的观众关注并了解豫酒品牌。同时，通过电视、网络等媒介的播放，将豫酒文化的魅力传递给更广大的受众群体。制作一部关于豫酒的纪录片，不仅是对这一传统技艺的记录和传承，更是对中华酒文化的一次深刻挖掘和展示。通过这部纪录片，观众可以深入了解豫酒的历史渊源、制作工艺、文化内涵以及现代发展，从而增强对这一非物质文化遗产的认识和保护意识。

为了深入挖掘和传播河南豫酒的丰富文化，河南省政府应牵头联合河南豫酒协会与河南广播电视台，共同策划并制作一系列高质量的官方豫酒文化纪录片。这一系列纪录片不仅应采用双语甚至多语种的形式，以便于国际传播，还应在各大媒体平台和互联网上广泛推广，以此提升豫酒文化的国际知名度和影响力。

笔者认为，该豫酒文化系列纪录片至少可以分为以下几个篇章：

1. 豫酒历史沿革篇

本篇章将全面而细致地阐述豫酒文化自远古时期一直延续至今的发展轨迹和历史脉络。本篇章将追溯至史前文明，探讨豫酒是如何在历史的长河中逐步成形的，对它的起源、发展以及早期形态进行详细的阐述。接着，我们将目光转向唐宋时代，这是豫酒发展的一个黄金时期，它的辉煌成就、广泛传播以及独特风味，都将被一一呈现，以展示豫酒文化的丰富内涵和独特魅力。由于河南是九朝古都，很多豫酒都是贡酒，它不仅代表了皇室的品位和尊贵，更成为一种文化象征，它的制作工艺、品质评价以及在社会生活中的地位将成为很好的外宣体裁。而到了近现代，豫酒在工业化的大潮中，又是如何坚守着传统的酿造工艺，如何历经改革和现代管理接轨，不仅体现了豫酒人对品质的追求，更彰显了一种文化自信和历史担当。就豫酒而言，无论是远古的孕育、宋代的繁荣、明清的辉煌，还是近现代的坚守，豫酒文化的发展历程都是一种历史的见证，它的每一次变迁都承载着历史的厚重，每一次发展都蕴含着文化的深度。拍摄这一专题的纪录片，就是对这一历程的全面梳理和深入解读，旨在让观众更加全面、深入地理解和认识豫酒文化的丰富内涵和独特魅力。

2. 豫酒特点和工艺篇

在这一篇章中，纪录片将会详细解析豫酒的独特制作工艺。从原料的选择到酿造过程中的每一个细节，诸如糖化、发酵、蒸馏和陈酿等环节，都将在视频中一一呈现。让广大观众了解豫酒制作工艺是在传承古代酿制技艺的基础上，与现代科技进行了完美的结合。这种结合使得豫酒在保持传统风味的同时，还能够充分利用现代科技的优势，从而提高生产效率和产品质量。中原地大物博，物产丰富，自古就是农耕之所，豫酒的原材料可谓得天独厚，在原料选择方面，豫酒注重选用优质的粮食，如高粱、小麦、大米等，这些粮食富含有机物，可以为酒的生产提供丰富的营养成分。在糖化过程中，豫酒生产采用独特的糖化酶技术，可以将粮食中的淀粉转化为糖分，为后续的发酵提供充足的糖源。在发酵过程中，运用酵母菌的天然发酵作用，将糖分转化为酒精和二氧化碳，这是豫酒生产中的关键步骤。在蒸馏过程中，豫酒采用独特的蒸馏技术，如复式蒸馏法，以提高酒精的纯度和口感的纯净度。最后，在陈酿过程中，豫酒会选用优质的陶坛或不锈钢容器进行长时间的陈酿，使酒体更加醇厚，口感更加柔和。把各类豫酒的独特的制作工艺和现代化的科技手段呈现出来，能够增强消费者信心和好感。

3. 豫酒风俗篇

本篇章主要是对河南省丰富的酒文化风俗进行一次全面的梳理。通过本篇章的详细描述，我们可以看到豫酒在河南地方文化中的重要地位。豫酒作为一种具有地方特色的酒类，已经深深地融入了河南人民的日常生活中，成为他们生活的一部分。它不仅仅是一种普通的饮品，更是节庆和喜庆场合必备的点缀，具有深厚的文化内涵。同时，豫酒也是河南文化的一个重要载体，通过它我们可以更好地了解和感受到河南深厚的历史文化底蕴。下文将继续探讨如何表现豫酒在河南乃至全国文化中的地位和影响力。

首先，在河南的各大城市和小镇，无论是高档餐厅还是街头巷尾的小饭馆，人们围坐在一起，猜枚、行酒令、举杯畅饮、谈天说地，无形中演绎出非常丰富的酒文化、酒礼仪。把这种烟火气表现出来，将进一步拉近观众和豫酒的距离。除了日常饮用，豫酒在节庆和喜庆场合更是扮演着举足轻重的角色。在春节、中秋等传统节日，或者是婚礼、寿宴等重要场合，酒既是必不可少的饮品，更是一种文化和情感的传递。通过酒能反映中原河南厚重的文化底蕴和风土人情，也给外界了解河南的一扇窗口。其次，豫酒在祭祀和拜祖等活动中也发挥着重要的作用。中国人有怀远追思的传统，"老家河南"是很多人魂牵梦萦的故乡。每年，河南的祭祖大典热闹非凡，豫酒被用来祭祀祖先、祈求神灵保佑，体现了河南人对传统文化的尊重和传承。同时，宣传这些活动也进一步加深消费者对豫酒在河南人心中的地位和影响力的印象。总之，豫酒风俗篇不仅展示了豫酒在河南地方文化中的重要地位，也展现了其深厚的文化内涵和独特的魅力。

4. 豫酒文学艺术篇

本篇章的重点将致力于搜集和呈现历史上众多文人雅士对豫酒的颂扬之作，通过这些诗歌、绘画、文章、影视作品，深入挖掘和展现豫酒所蕴含的深厚文化底蕴和独特的情感价值。希望通过这样的方式，让豫酒不仅仅停留在一瓶瓶美酒的形象，而是让它成为河南乃至全国文化的一个重要标志，让更多的人了解和感受到豫酒的别样魅力。在豫酒的文学艺术篇中，纪录片将带领观众跨越时空的界限，一同领略古往今来，无数文人墨客在品尝豫酒后，文思泉涌、才情迸发的那一刻。他们的笔下，既有对豫酒色泽、香气的细腻描绘，也有对其历史、文化的深入探究。每一篇诗文，都如同一面镜子，映照出豫酒所承载的河南人民的热情好客、勤劳智慧以及乐观向上的生活态度。通过这些作品的展示，期望能够传递给读者一种情感共鸣，让读者在欣赏这些文学作品的同时，也能感受到豫酒所蕴含的浓浓乡情和独特韵味。无论是对河南本土的居民，还是对外地的游客，豫酒都是一种不可多得的文化瑰宝，它让我们在品味美酒的同时，也能体会到河南这片热土上的历史变迁、风俗习惯和人文情怀。

5. 豫酒的传承人和传承方式篇

豫酒的工艺和传承属于非物质文化遗产，纪录片将详尽地描绘豫酒的制作技艺如何一代代地延续下来。通过深入采访那些经验丰富的老一辈酿酒大师和代表着新时代酿酒工艺的新一代酿酒师，使广大观众得以一窥豫酒技艺的传承方式，其中包括了家族传承和师徒传承两种主要形式。家族传承是指酿酒技艺在家族内部代代相传，这种方式保证了酿酒技艺的连贯性和稳定性；而师徒传承则是指酿酒师通过教授徒弟的方式，使得酿酒技艺得以传播和发扬光大。这些传承人的故事不仅仅是技艺的传递，它们还蕴含着丰富的历史和文化内涵，是豫酒文化生动而鲜活的见证。这些故事帮助我们更好地理解和欣赏豫酒文化，对于传承和发扬我国优秀的酒文化具有不可替代的价值。通过对这些传承人的采访，我们能够更加深入地了解豫酒的制作工艺，以及背后所承载的文化和精神内涵。

这部纪录片以丰富的内容和多样的视角,全面展示了豫酒文化的历史底蕴、技艺传承和创新成果。片中所涉及的豫酒企业,也通过这一平台展示了自身品牌和产品的魅力,提升了市场竞争力。此外,纪录片的传播还将有助于推动豫酒产业结构的优化升级,促进产业链的延伸和拓展,为河南经济的持续发展注入新动力。笔者认为通过这一系列纪录片的制作和传播,不仅能够显著提升豫酒文化的国际影响力,还能够有力地促进河南地方文化的传承和发展。这将为世界人民展示一个真实、立体、全面的豫酒文化形象,使更多人了解和认识豫酒文化的独特魅力。同时,这也有助于激发国内外游客对河南文化的兴趣,进一步推动河南旅游产业的发展。

第四节 做大做强豫酒博览会和展会

豫酒博览会和展会是推动豫酒文化发展的重要平台,应进一步做大做强,增强其在品牌宣传中的关键作用。在博览会和展会的组织中,要注重创新和差异化,打造富有豫酒文化特色的展示活动。豫酒博览会和展会作为展示河南地区酒文化和促进酒业发展的重要平台,近年来在国内外已逐渐建立起一定的知名度。然而,与国际知名的酒类展会相比,豫酒博览会和展会在规模、影响力以及商业价值方面仍有较大的提升空间。为了进一步推动豫酒产业的发展,提升豫酒品牌的市场竞争力,有必要对豫酒博览会和展会进行全面的升级和改造,以吸引更多的国内外参展商和观众,增强展会的行业影响力和商业吸引力。通过丰富多样的展品和互动体验,可以让参与者深度感受到豫酒文化的魅力,并将这种体验与品牌形象紧密联系起来。此外,利用展会平台进行品牌推广和合作交流,可以吸引更多投资商和合作伙伴,进一步推动豫酒文化的发展。

当前河南省已经高度重视这一点,在 2017 年河南省政府出台的《河南省酒业转型发展行动计划(2017—2020 年)》(见附件 2)文件中明确要求，组织豫酒企业组团参加国内外知名专业展会、交易会、洽谈会等，依托省内知名食品展会举办豫酒博览会，支持酒类流通企业与骨干酒企合作开拓市场，参展费用给予一定比例补贴。到目前为止，河南省已组织不少豫酒企业参加各种各类展会，比较有名的有"全国糖酒商品交易会""豫酒文化暨豫酒振兴成果展览会""振兴豫酒——名酒文化节""中原豫酒文化论坛"和"郑州精品年货会暨万人品豫酒活动"。

对于豫酒的展会，应做以下改进和努力：

首先，需要明确的目标——扩大展会的规模和国际参与度，不仅要增加展位的数量，还要吸引更多国际知名酒企和专业买家参与，以此提升展会的国际影响力和行业地位。"以国际化拉动国内化"，最终的目标是提升豫酒品牌的影响力，通过展会的平台展示豫酒的独特魅力和文化底蕴，吸引更多的消费者和行业关注。

其次，要增强豫酒展会内容的专业性和吸引力，充分利用数字技术如VR（虚拟现实技术）、AR（增强现实技术）技术和社交媒体进行宣传。要精心策划一系列高端论坛和研讨会，邀请国内外知名的酒类专家、行业领袖和学者参与，共同探讨豫酒的发展趋势、技术创新和市场策略。展会上要对展位和展出内容进行精心谋划，要设立特色展区，如历史展区，展示豫酒悠久的历史和文化底蕴；创新展区，展示豫酒在生产工艺、包装设计等方面的最新成果；工艺展区，展示豫酒古法酿制和现代技术如何融合，如何形成特色；品鉴体验展区，邀请观众在品酒师的帮助下学会鉴别白酒，体验白酒；豫酒文创展区，针对豫酒文化，制作有创造性的豫酒文化周边产品，如玩具、小家电、书籍、装饰品、视频音乐作品等。通过这些专业活动和特色展示，旨在提升展会的专业性、观赏性和体验性，真正形成现象级效应，吸引更多专业人士和公众参与，从而扩大豫酒的影响力和市场份额。

最后，要形成资源整合。为了确保豫酒博览会和展会的成功举办，资源整合显得尤为关键。要有政府的大力支持与持续性的政策引导，要有行业企业的积极参与、主动作为，还要发动本地的群众积极参与，群策群力办好豫酒展会，让它成为河南一道亮丽名片，吸引八方来宾。第一，政府支持与政策引导是不可或缺的一环。通过与地方政府建立紧密的合作关系，可以获取必要的资金支持和政策优惠，为展会的顺利进行提供坚实的基础。第二，行业合作与资源共享也是推动展会发展的重要策略。与酒类行业协会、知名酒企以及其他相关行业组织建立合作，不仅可以共享资源，还能通过联合推广活动扩大展会的影响力。第三，吸引投资和赞助是提升展会质量和规模的有效途径。通过设立专门的招商引资部门，积极与潜在投资者和赞助商沟通，展示展会的潜力和价值，从而吸引更多的资金投入，确保展会的持续发展和创新。

第五节　加强豫酒文化周边产品设计和研发

在设计豫酒文化周边产品时，要坚持以突出豫酒文化特色为核心理念，确保每一件产品都能深刻体现河南地区酒文化的独特魅力。同时，要结合现代审美趋势和消费者的实际需求，力求在传统与现代之间找到完美的平衡点。此外，还要注重产品的文化内涵和创意表达，通过设计传递豫酒的历史底蕴和现代活力，使每一件产品不仅是实用的物品，更是文化的载体和艺术的展现。

酒具设计应着重于展现豫酒的独特韵味和文化底蕴。可以设计一系列酒杯，每一款都采用不同的传统工艺和图案，如刻有豫剧脸谱或河南传统建筑的图案，以此来增强产品的文化识别度。酒壶设计则可以采用仿古风格，结合现代工艺，如使用陶瓷材质并绘制河南山水画，既实用又具有收藏价值。此外，还可以开发智能酒具，如带有温度控制和酒量提醒功能的智能酒壶，满足现代消费者对科技和便捷性的需求。

为确保豫酒文化周边产品的设计和研发能够紧跟时代潮流并满足市场需求，应采取一系列具体的研发策略。首先，与国内外知名设计师和艺术家建立合作关系是关键。通过他们的专业视角和创意灵感，可以为豫酒文化周边产品注入新的生命力和艺术价值。其次，利用现代科技手段如 3D 打印技术，可以实现复杂设计的精确制造，提高产品的独特性和吸引力。再次，虚拟现实技术的应用也能让消费者在购买前通过虚拟体验更好地理解和感受产品的文化内涵。最后，定期举办设计大赛不仅能激发设计师的创造力，还能通过公众的参与和反馈，不断优化产品设计，确保其与市场需求的紧密结合。通过这些策略的实施，豫酒文化周边产品的设计和研发将更具创新性和市场竞争力。

通过精心设计的周边产品，如具有地域特色的酒具、融入传统元素的服饰和家居装饰品，以及创意十足的文具礼品，可以吸引更多消费者的关注，增强品牌的忠诚度和市场影响力。同时，持续创新和市场适应性是确保这些周边产品成功的关键。设计师和研发团队需要不断探索新的设计理念和技术手段，以满足消费者日益多样化的需求。通过与艺术家和设计师的紧密合作，利用现代科技如3D打印和虚拟现实技术，以及举办设计大赛激发创新思维，可以确保豫酒文化周边产品始终保持新鲜感和吸引力。

第六节　开展"豫酒文化行"文旅项目

豫酒作为河南的传统文化遗产，文化旅游项目的开展对于推广和宣传豫酒文化具有重要意义。因此，我们提出以下综合建议，以开展"豫酒文化行"文旅项目为切入点，提升豫酒文化的影响力和在市场中的认可度。

首先，构建全新的文旅项目理念。通过整合豫酒文化与旅游资源，打造集观光、体验、互动于一体的文旅项目，提供更为独特和丰富的参观体验。例如，在一些著名的豫酒产区设立专门的旅游景点，让游客能够亲自参与到酿酒过程中，了解豫酒的工艺和酿制技术。

其次，加强互动体验环节。在文旅项目中设置多个互动体验环节，让游客能够亲身参与其中，感受豫酒文化的魅力。例如，可以设置品酒区域，让游客品尝不同口味的豫酒，了解各类豫酒的特点和搭配方法。同时，还可以组织豫酒文化展示活动，邀请豫酒文化领域的知名专家和文化名人进行分享和互动交流。

再次，加强文旅项目的宣传和推广。通过多种媒体平台和渠道进行广泛宣传，提高项目的知名度和美誉度。例如，可以制作精美的宣传片，展示豫酒的独特魅力和文化内涵，吸引更多的游客前来参观。此外，可以积极开展与旅行社和在线旅游平台的合作，将豫酒文化项目纳入它们的推荐和行程安排之中，增加吸引力和可选择性。

最后，提高文旅项目的管理和服务水平。确保项目的顺利运营和游客的满意度。例如，要注重卫生、环境和服务质量等方面的管理，提供优质的导览、解说和咨询服务，提升游客的参观体验和满意度。同时，要加强与相关部门的合作，共同维护好文旅项目区域的安全和秩序。

总　结

　　河南省不仅是我国酒类生产与消费的重要集散地，更是酒文化历史悠久、源远流长的典范代表。尽管河南省的酒类产品种类繁多，却面临着品牌数量不足、品牌定位摇摆不定、产品开发缺乏系统规划的种种困境。大量产品只能在低端市场徘徊，难以涌现出广受市场青睐的标志性单品，这一现状无疑令人深思。

　　因此，品牌重塑成为河南省酒类产业发展的当务之急。我们必须创新品牌宣传策略，深入挖掘品牌背后的故事，精心编织每一个传奇篇章。通过对品牌故事的深入挖掘，让消费者更好地了解和感受到河南省酒类产品的独特魅力。同时，我们还应构建完善的品牌服务管理体系，以提升品牌形象和价值，让品牌之光在市场竞争中更加耀眼夺目。在品牌重塑的过程中，我们还需关注产品品质的提升，确保每一瓶出厂的酒类产品都能达到高标准。此外，我们还应积极探索酒类产业的创新与发展，比如利用现代科技手段提高生产效率，或者引入新的酿造工艺提升产品质量。通过这些举措，相信河南省的酒类产业定能迎来新的发展机遇，再次闪耀出璀璨的光芒。

　　站在河南这片充满历史沉淀和文化底蕴的土地上，每一个河南人都肩负着传承和创新豫酒文化的重任，应把传统中原文化和豫酒深度融合，引领一种健康、理性、有品位的豫酒文化新潮流。以此为基石，精心培育每一个豫酒品牌，精心打造每一款豫酒单品，让每一滴豫酒都能渗透出中原文化的精髓。为了实现这一目标，豫酒企业必须在本省市场中稳固立足，深入研究和剖析消费者对于不同香型、不同口感的偏好，精准地划分市场的各个细分领域，明确自己的根据地市场和战略市场的定位和策略，通过加强行业研讨和品牌推广，提升豫酒整体影响力。

要充分利用主流的媒体平台以及新兴的新媒体渠道，持续不断地开展宣传和推广活动，讲好豫酒故事，做好豫酒文化创新，让豫酒的影响力能够触及更广泛的受众，让豫酒所承载的丰富文化和独特魅力能够渗透到社会的每一个角落。只要扎扎实实通过常态化的宣传和推介，并不断思考和创新豫酒传播方式，就一定能够激发起公众对豫酒的兴趣和热情，进一步推动豫酒品牌的发展，让豫酒在激烈的市场竞争中脱颖而出，赢得更多消费者的认可和喜爱。

在河南，无论是政府层面还是民间层面都应该积极提倡并践行"河南人喝河南酒"的本土情怀，在餐饮服务业中积极推介省内酒类品牌，拓宽豫酒的销售渠道与市场份额，鼓励在各级商务接待活动中，优先使用本地的酒品，积极主动通过豫酒来宣传弘扬豫酒文化和河南文化，也是从实际上对豫酒的支持。此外，我们还应致力于推动豫酒与其他本土特色元素的深度结合，例如豫菜、豫茶、豫旅等，共同打造一个多元化的豫酒文旅结合的生态，并加快开发以豫酒文化为核心的旅游商品和纪念品，丰富游客的旅游体验。让游客在品尝美食、欣赏河南壮丽景色之余，也能领略到豫酒的独特风味和深厚的文化底蕴。为了推动豫酒产业的持续发展，还应鼓励重点企业建设集酿酒、科研、商贸、旅游、文化等多功能于一体的酒产业园区与特色风情小镇。这些园区与小镇将成为豫酒产业转型升级的重要载体与展示窗口，助力河南酒类产业迈向更加辉煌的未来。笔者坚信，只要通过这样的努力，就一定能够推动河南酒产业的繁荣发展，能让更多的人了解和喜爱河南的传统文化，进一步促进河南的旅游业及相关产业的发展。

参考文献

[1] 何志虎. "中国"称谓的起源 [J]. 人文杂志, 2002 (05): 110-115.

[2] 康国章. 论中原文化内涵研究的体系性 [J]. 河南师范大学学报(哲学社会科学版), 2013, 40 (01): 88-91.

[3] 李战子. 多模式话语的社会符号学分析 [J]. 外语研究, 2003 (05): 1-8+80.

[4] 王春明. 社交媒体表情符号解析——基于罗兰·巴尔特符号学视域 [J]. 新闻传播, 2016, (10): 17-18.

[5] 王钱坤. 传统文化赋能乡村治理的实践逻辑及推进路径研究——以河南省S村为例 [J]. 湖北工程学院学报, 2024, 44 (04): 115-123.

[6] 叶平. "中原"之"中"的历史演进与逻辑展开 [J]. 黄河科技学院学报, 2024, 26 (06): 33-37.

[7] 张德禄. 多模态话语建构中模态选择和配置原则研究 [J]. 外语教学, 2024, 45 (03): 1-6.

[8] 张德禄. 多模态话语分析综合理论框架探索 [J]. 中国外语, 2009, 6 (01): 24-30.

[9] 张德禄, 袁艳艳. 动态多模态话语的模态协同研究——以电视天气预报多模态语篇为例 [J]. 山东外语教学, 2011, 32 (05): 9-16.

［10］张德禄，王正. 多模态互动分析框架探索［J］. 中国外语，2016，13（02）：54-61.

［11］张树庭. 论品牌作为消费交流的符号［J］. 现代传播，2005（03）：78-80+83.

［12］朱金中. 遵循传统 独具匠心 独特技艺酿出豫酒好品质.［N］大河报，2021-01-15（09）.

［13］潘民中，严寄音. 宝丰酒乡溯源［M］. 郑州：中州古籍出版社，2021.

［14］熊玉亮. 豫满中国：河南酒业 60 年［M］. 郑州：河南人民出版社，2009.

［15］徐光春. 一部河南史半部中国史［M］郑州：大象出版社，2009：11.

［16］张德禄. 多模态话语分析理论与外语教学［M］. 北京：高等教育出版社，2015. 06.

［17］人民网. 习近平对宣传思想文化工作作出重要指示［EB/OL］. http：// politics. people. com. cn/n1/2023/1008/c1024-40090913. html. 2024-10-08.

［18］宜宾市国资委. 中国白酒学院、五粮液学院正式建成［EB/OL］. ht-tp：//gzw. sc. gov. cn/scsgzw/c100115/2018/9/21/577d9603232740ee95e5f9795d7abea5. shtml. 2018-09-21.

［19］中华网. 酒祖杜康里隐藏着中华文化怎样的"玄机"？［EB/OL］. https://henan. china. com/life/xf/2020/1210/2530132039. html. 2020-12-10.

［20］河南省酒业协会. 2023 年河南酒类行业市场发展报告［R/OL］. ht-tps：//www. sohu. com/a/766412446_ 713278. 2024-3-21.

［21］国务院. 国务院关于支持河南省加快建设中原经济区的指导意见. 2011-9-28. 国发〔2011〕32 号.

［22］Halliday M. A. K. Language as social semiotic：The social interpretation of language and meaning［M］. Marland university Park Press，1978.

［23］Kress G R，Van Leeuwen T. Reading Images：The grammer of visual design［M］. London：Routledge，2006.

附　录

豫酒文化传播和外宣影响因素调查问卷

1. 您的性别：［单选题］

选项	小计	比例
a）男性	55	48. 67%
b）女性	58	51. 33%
本题有效填写人次	113	

2. 您的年龄：［单选题］

选项	小计	比例
a）18 岁以下	0	0%
b）18~25 岁	44	38. 94%
c）26~35 岁	20	17. 7%
d）36~45 岁	30	26. 55%
e）46 岁以上	19	16. 81%
本题有效填写人次	113	

3. 您是否熟悉豫酒文化：［单选题］

选项	小计	比例
a) 是，非常熟悉	16	14. 16%
b) 是，一般熟悉	46	40. 71%
c) 否，不了解	51	45. 13%
本题有效填写人次	113	

4. 您的职业是？［多选题］

选项	小计	比例
a) 公务员	19	16. 81%
b) 学生	23	20. 35%
c) 公司职员	22	19. 47%
d) 自由职业者	16	14. 16%
e) 其他	35	30. 97%
本题有效填写人次	113	

5. 您通过以下哪些渠道了解或接触过豫酒文化？（可多选）［多选题］

选项	小计	比例
a) 电视广告，如果是，请说明是哪个频道或节目：	28	24. 78%
b) 电台广播，如果是，请说明是哪个电台或节目：	5	4. 42%
c) 网络媒体（微博、微信公众号等），如果是，请说明具体账号或平台名称：	33	29. 2%
d) 报纸杂志，如果是，请说明具体刊物名称：	2	1. 77%
e) 参加相关活动或展览，如果是，请说明具体活动或展览：	8	7. 08%
f) 亲友介绍，如果是，请说明亲友关系：	38	33. 63%
g) 其他（请注明）：	19	16. 81%
本题有效填写人次	113	

6. 豫酒文化对您的影响程度如何？[单选题]

选项	小计	比例
a) 完全不感兴趣	19	16.81%
b) 稍有兴趣，但不深入了解	73	64.6%
c) 比较感兴趣，主动了解相关信息	15	13.27%
d) 非常感兴趣，积极推广和传播	6	5.32%
本题有效填写人次	113	

7. 您认为豫酒文化在推广和外宣方面存在哪些亟待改进的问题？（可多选）[多选题]

选项	小计	比例
a) 知名度不高，缺乏曝光机会	77	68.14%
b) 推广渠道有限，到达范围狭窄	60	53.1%
c) 宣传方式过于单一，缺乏创新与差异化	44	38.94%
d) 缺乏豫酒的统一表达和分众化表达	52	46.02%
e) 豫酒品质与口感未得到充分展示	51	45.13%
f) 其他（请注明）：	2	1.77%
本题有效填写人次	113	

8. 您认为以下哪些因素对豫酒文化传播和外宣影响较大？（可多选）[多选题]

选项	小计	比例
a) 讲好豫酒故事和提升豫酒文化价值	83	73.45%
b) 社交媒体平台的传播效应	78	69.03%
c) 口碑和个人推荐	69	61.06%
d) 举办文化节庆、活动或赛事	59	52.21%
e) 政府支持与投资	45	39.82%

选项	小计	比例
f）线下推广活动（如展览、发布会等）	40	35. 4%
g）其他（请注明）：	1	0. 88%
本题有效填写人次	113	

9. 您认为豫酒文化在河南市场推广中最大的障碍是什么？（请选择最关键的一个）［单选题］

选项	小计	比例
a）知名度较低，缺乏曝光机会	24	21. 24%
b）竞争激烈，市场份额受限	19	16. 81%
c）消费者对豫酒文化没有认知或认知较弱	54	47. 79%
d）宣传渠道不够多样化或不够有效	14	12. 39%
e）其他（请注明）：	2	1. 77%
本题有效填写人次	113	

10. 您认为哪些因素可以更好推广豫酒文化？（请在下面各项前标注分数，分数越高表示影响越大）［多选题］

选项	小计	比例
a）媒体宣传和广告力度：	61	53. 98%
b）豫酒文化和中原文化结合，打造豫酒品牌力：	76	67. 26%
c）豫酒产品质量与口感：	49	43. 36%
d）线上社交媒体推广（如微信、微博等）：	32	28. 32%
e）有效的市场营销策略：	36	31. 86%
f）其他（请注明）：	3	2. 65%
本题有效填写人次	113	

11. 您对中原文化与豫酒的结合有何看法？（请选择适用的一个观点）
[单选题]

选项	小计	比例
a）中原文化与豫酒的结合能够提升豫酒的独特性和市场竞争力	95	84.07%
b）中原文化与豫酒的结合对豫酒推广影响不大	8	7.08%
c）不确定／无意见	10	8.85%
本题有效填写人次	113	

12. 如果您有兴趣了解或购买豫酒产品，您更倾向于哪种方式获取信息或购买？[单选题]

选项	小计	比例
a）实体店铺购买	51	45.13%
b）线上购买（通过官网、电商平台等）	38	33.63%
c）亲友推荐	22	19.47%
d）其他（请注明）：	2	1.77%
本题有效填写人次	113	

13. 在您购买豫酒时，下面哪些因素对您的购买决策产生了影响？（可多选）[多选题]

选项	小计	比例
a）豫酒品牌知名度和感染力	77	68.14%
b）产品包装和设计	29	25.66%
c）豫酒文化宣传和推广活动	35	30.97%
d）朋友、亲戚或同事的推荐	51	45.13%
e）豫酒的价格和性价比	70	61.95%
f）其他（请注明）：	2	1.77%
本题有效填写人次	113	

14. 您认为以下哪种宣传方式最能吸引您的注意力？（请选择一个关键宣传方式）［单选题］

选项	小计	比例
a）独特的创意与设计	27	23.89%
b）豫酒文化故事和历史背景介绍	61	53.98%
c）和当代流行元素结合的宣传形式（如明星代言、合作推广等）	18	15.93%
d）图片和视觉效果的精美程度	4	3.54%
e）其他（请注明）：	3	2.66%
本题有效填写人次	113	

15. 您认为豫酒文化宣传对您的购买决策有何影响？（请选择一个关键影响因素）［单选题］

选项	小计	比例
a）提高了我对豫酒的认知，促使我产生购买兴趣	55	48.67%
b）强化了我对豫酒品牌的信任感，提高了购买的意愿	52	46.02%
c）对我购买豫酒没有任何影响	6	5.31%
本题有效填写人次	113	

16. 您认为哪种宣传方式最能提升豫酒的影响力和知名度？（请选择一个关键宣传方式）［单选题］

选项	小计	比例
a）在媒体上进行规模较大的广告投放	18	15.93%
b）让知名人士或明星代言	10	8.85%
c）豫酒和中原文化结合，走文旅融合之路	56	49.56%
d）参与相关活动和展览	5	4.42%
e）以上方式的综合使用	24	21.24%
本题有效填写人次	113	

17. 您会因为哪种宣传方式而更倾向于购买豫酒？［单选题］

选项	小计	比例
a）对产品的专业评价和介绍	31	27. 43%
b）推荐豫酒品牌的明星或名人	9	7. 97%
c）豫酒文化的故事和品牌魅力	39	34. 51%
d）以上方式的综合宣传	34	30. 09%
本题有效填写人次	113	

18. 您认为以下哪种方式更有利于将豫酒与河南地方文化结合进行宣传推广？（可多选）［多选题］

选项	小计	比例
a）举办具有河南文化特色的豫酒品鉴活动	84	74. 34%
b）利用河南地方文化元素进行产品包装和设计	73	64. 6%
c）在传统节日或地区文化活动中进行豫酒的展示与推广	71	62. 83%
d）通过河南文化艺术表演和综艺节目进行宣传	58	51. 33%
e）其他（请注明）：	2	1. 77%
本题有效填写人次	113	

19. 您认为将中原文化与豫酒结合可以提升豫酒的销量吗？［单选题］

选项	小计	比例
a）是的，我认为结合可以提升销量	90	79. 65%
b）不确定，需要进一步了解	19	16. 81%
c）不认同，认为结合无法对销量产生明显影响	4	3. 54%
d）其他（请注明）：	0	0%
本题有效填写人次	113	

20. 您认为豫酒文化在未来的传播和发展中应重点关注哪些方面？（可

多选）［多选题］

选项	小计	比例
a）提升豫酒产品质量	93	82. 3%
b）增强豫酒文化品牌宣传，讲好豫酒故事	86	76. 11%
c）扩大国际影响力	44	38. 94%
d）创新营销方式	62	54. 87%
e）豫酒文化和旅游融合，多元化发展	68	60. 18%
本题有效填写人次	113	

河南省人民政府办公厅
关于印发河南省酒业转型发展行动计划
（2017—2020 年）的通知

豫政办〔2017〕119 号

各省辖市、省直管县（市）人民政府，省人民政府各部门：

《河南省酒业转型发展行动计划（2017—2020 年）》已经省政府同意，现印发给你们，请认真贯彻实施。

河南省人民政府办公厅
2017 年 10 月 16 日

为打好转型发展攻坚战，加快酒业结构调整和转型升级，全面提升豫酒核心竞争力和综合实力，特制定本行动计划。

一、加快酒业转型发展势在必行

我省是全国重要的酒类生产大省、消费大省和酒文化大省。加快酒业转型发展，是满足群众消费升级需求、推进供给侧结构性改革、提高供给质量的必然要求；是利用好人力资本优势，积极发展劳动密集型、资本密集型产业，促进传统产业转型升级的现实需要；是大力发展高税负产业，增加税收、涵养税源的重要途径。2016 年，全省饮料酒产量 551.59 万千升，同比增长 2.4%，酒、饮料和精制茶制造业主营业务收入 1629.55 亿元，同比增长 10.3%。其中，全省规模以上白酒企业 133 家，实现产量 117.5 万千升、居全国第 2 位，实现销售收入 328.9 亿元、居全国第 5 位，实现利润 27.83 亿元、居全国第 7 位，先后培育出以仰韶、宋河、杜康、赊店、宝丰、张弓、皇沟等为代表的白酒品牌。

但我省酒业综合实力较弱，产业发展缓慢，面临诸多亟待解决的问题。一是群体大，个体小。企业存在改制不到位、主业不突出、营销方式落后等问题，无一家销售收入超过 20 亿元的酒类企业。二是产品多，品牌少。品牌定位反复、产品开发随意，缺乏市场认可的大单品；产品层次低，低端多、中高端少，原酒基础薄弱，产品质量不稳定。三是价格低，贡献小。全省白酒吨酒价仅 2.8 万元，是全国平均吨酒价的 66%，单个企业平均利润为全国平均水平的 42%；省产白酒占我省消费市场不足 30%，全国 100 多家白酒企业在我省设立办事处，扩大营销、抢占市场，豫酒本土市场份额逐年萎缩、不断下降。

在消费升级、品质升级的新常态下，酒业步入理性消费和品牌发展时代，向龙头企业和优势品牌集中的态势明显，低端过剩、供求失衡的矛盾突出；以中高端产品为代表的大单品增势明显，纯粮固态酿造成为趋势；以消费者为中心的立体营销模式正在重构，质量和品牌竞争更加激烈。面对市场倒逼行业洗牌、结构调整的新态势，我省具有庞大的消费市场、厚重的酒文化积淀，一批龙头酒企已在市场洗礼之后把质量和品牌作为生命线。加快酒业转型发展，不仅有利于加快供给侧结构性改革，而且有利于发展高税负产业，这既是机遇所在、酒企所盼，也是形势所迫、刻不容缓。

二、总体思路

（一）基本原则。牢固树立创新、协调、绿色、开放、共享发展理念，充分利用省内市场和人力资源优势，以企业为主体，以提升豫酒省内市场份额、白酒吨酒价和入库税收为突破口，实施企业重组、品牌重塑、营销模式重建等战略，着力打造龙头企业和品牌，着力研发中高端产品，着力确保工艺和质量稳定，着力攻占本土市场，着力加强人才和队伍建设，构建"原酒基地—酿酒—品牌"于一体的全产业链，打造具有全国影响力的知名品牌，推动产业、产品和品牌升级，切实提高豫酒竞争力。

（二）发展目标。通过5—10年的努力，建设全国重要的优质酒生产基地、中国白酒文化基地。

到2020年，为优化存量、提质增效阶段，省产白酒在省内市场份额提高15个百分点以上，突破40%；吨酒价占全国平均水平的比重提高15个百分点以上，突破80%；入库税收接近50亿元。

到2025年，为持续提升、做优做精阶段，省产白酒在省内市场份额再提高20个百分点以上，超过60%；吨酒价占全国平均水平的比重再提高20个百分点以上，超过全国平均水平；入库税收突破100亿元。

三、重点任务

（一）实施企业重组。大力推动重点酒企以资产、品牌为纽带，实施兼并、收购和重组，提升产业集中度。积极引进战略合作伙伴，利用市场优势，谋求与全国知名酒企股权合作、投资并购，构建竞争共赢发展格局；鼓励省内企业间战略重组，通过联合、重组、收购、转让等多种形式，实现产业资源整合。鼓励实施产权重组，通过注入国有资本、产业基金和社会资本，发展以国有控股、国有参股为实现形式的混合所有制经济，优化法人治理结构，建立完善现代企业制度。推动符合条件的白酒企业启动和加快上市进程，与全国知名酒企对标，提升管理水平。到2020年，培育1—2家年销售收入突破30亿元的大型企业集团，3—5家年销售收入超20亿元的优势企业；扶持1—2家白酒企业上市。遴选5家产权明晰、创新能力强、发展前景好的白酒企业，实行动态管理、重点扶持。注册地和主要生产经营地均在我省的企业，在境内主板、中小板、创业板和境外市场上市融资的，按照上市进度节点，对其上市过程中的费用按

照规定给予补助。(责任单位:省工业和信息化委、省政府金融办)

(二)推进品牌重塑。大力推进"基地品牌化、企业品牌化、产品品牌化",以打造全国性品牌和培育区域性品牌为目标,采取集合资源、集成技术、集中力量的举措,着力培育1—2个在全国有市场影响力的豫酒领军品牌,打造豫酒核心品牌和超级单品。组织开展豫酒"五朵金花""五大好酒(大单品)""五大酒商"评选活动,每年按规模、效益、税收和投入等指标进行排名,对升级晋位明显的给予奖励。支持豫酒重点企业围绕研发创新、设计创意、生产制造、质量管理和营销服务全过程制定品牌发展战略,开展品牌、产品、文化等系统策划营销,创新品牌宣传策略,讲好品牌故事,构建品牌服务管理体系。依托深厚的文化底蕴,传承创新豫酒文化,倡导健康理性的消费理念,围绕文化开展品牌塑造、单品打造,品出文化、体现雅致。引导企业积极申报中国质量奖、中国驰名商标、国家地理标志保护产品、中华老字号称号和原产地域保护产品等,对新获得中国质量奖、中国驰名商标、国家质量标杆、制造业单项冠军示范企业的,省财政一次性给予100万元奖励,市、县财政可再给予适当奖励。(责任单位:省工业和信息化委、商务厅、工商局、质监局,各省辖市、省直管县〔市〕政府)

(三)优化产品结构。鼓励企业深度挖掘用户需求,实施大单品战略,聚力发展中高端大单品,重点扩大中档产品市场份额,加快开发一批100—300元/瓶左右的中档白酒,积极开发高端白酒,巩固提升50元/瓶左右的大众消费产品,适应不同收入群体消费需求。支持重点酒企培育推广超级单品,集中优势资源,打造1个10亿级大单品、3个左右5亿级大单品,形成豫酒品种群。结合市场需求趋势,在个性化定制、柔性化服务、产品融合、用户体验、市场定位等方面进行改革创新,提高产品供给服务水平。针对不同市场,精细化开发产品,开发适应年轻人、女性消费需求的低度、时尚酒类产品,开发公务、商务、旅游等不同系列的差异化、特色化酒类产品,开发适应国际化市场的低度优质白酒。构建产品全程可追溯体系,对纳入省级白酒可追溯体系建设的企业给予资金补助。(责任单位:省工业和信息化委、商务厅)

(四)提高产品品质。弘扬豫酒柔和、绵长、醇厚风格,大力推广纯粮固态发酵,引导企业传承和创新传统酿酒工艺,强化对酿酒过程和细节的把控,推进精细化、标准化、极致化生产，培育带有浓厚河南元素的标杆型白酒产品。加快建设和完善质量标准体系，建立和推广豫酒产业技术规范，开展豫酒特色和风味等基础性研究。支持重点白酒企业实施一批技术改造和结构调整重点项目，保护和改造提升传统工艺，推动企业技术改造、智能化改造、绿色化改造，淘汰落后产能，遴选一批符合条件的项目列入省技术改造示范项目，按设备、研发实际投入的30%给予后补助，最高不超过1000万元。倡导"一生酿好一坛酒"的企业文化，秉持匠心经营之道，将一丝不苟、精益求精融入工艺、融入产品。推进酒业产品质量安全检测公共服务平台建设，加强质量控制能力。深化产学研结合，创建豫酒行业技术中心，打造产业创新平台，对制约酒业发展的技术问题联合攻关。支持豫酒企业建设高水平创新研发平台，对新认定的国家级重大创新研发平台载体，一次性给予500万元奖励；对拥有新型研发机构等省级以上研发平台的企业，根据其年度研发投入等评价情况给予最高400万元奖补支持。（责任单位：省工业和信息化委、科技厅、食品药品监管局）

（五）加快营销模式重建。以市场需求和消费升级为导向，加强生产企业、销售企业以及消费者的融合互动，强化生产商、经销商和销售终端之间的诚信守约、相互成就，建立新型产供销"三位一体"的利益共享、企业共生、市场共荣的生态圈。支持企业立足本省市场，分析各类香型、口感消费人群，做好市场细分工作，明确根据地市场、战略市场的定位和策略，加大行业研讨、品牌推广力度，在主流媒体和新媒体上进行经常性集中宣传推介。鼓励企业建立区域性、全国性和全球性市场营销网络，支持重点酒企建立多载体、多层次、多渠道的营销网络体系，积极开发县级和农村市场，利用供应链物流、供应商管理库存、共同配送和市场代理制等营销方式推广豫酒品牌。鼓励通过大数据、"互联网+"平台开展电商营销，重点支持企业实施线上线下一体化的豫酒连锁经营项目、搭建豫酒（电商）营销平台，建立网上产品质量追溯体系。鼓励企业通过广泛参与各类大型公益活动或发布公益公告、开展工业旅游等形式，宣传企业产品和文化。对在我省注册、且销售豫酒前3位的流通企业，以及年销售豫酒1000万元以上的电商平台，按照年度新增销售收入给予一定比例奖励。（责任单位：省商务厅）

（六）大力开拓市场。充分发掘豫酒价值，对豫酒品牌、产品、文化等统一策划创意，打造豫酒集体品牌。组织豫酒品牌推介，联动开拓重点市场、潜力市场，在机场、高铁站、高速公路服务区及沿线规划建设豫酒品牌形象展示店、广告牌。省内新闻媒体要采取多种形式宣传豫酒名优产品，在播出时段、刊登版面上给予优先安排。倡导"河南人喝河南酒""豫商卖豫酒"，各级公务接待活动要按照规定使用地方酒。引导豫酒与豫菜、豫茶、豫旅相结合，加快开发以豫酒文化为主体的旅游商品、纪念品，在餐饮服务业推介省内酒类品牌。组织豫酒企业组团参加国内外知名专业展会、交易会、洽谈会等，依托省内知名食品展会举办豫酒博览会，支持酒类流通企业与骨干酒企合作开拓市场，参展费用给予一定比例补贴。（责任单位：省商务厅、旅游局、新闻出版广电局、报业集团、工业和信息化委）

（七）发展原酒基地和原料基地。优质原酒和原料是生产优质酒的前提和关键。鼓励企业采用新工艺、新技术、新设备，加快原酒生产、储存等基础设施建设，建设原酒基地，提升原酒酿造工艺水平，提高原酒生产能力。开展重点企业优质原酒基地认定，认定一批基础好、实力强、规模大的原酒基地，淘汰无原酒生产条件和能力、生产工艺落后的小企业。规划建设原料种植基地，促进原料标准化种植，对农民合作社和农业龙头企业申报支农项目给予支持。鼓励和支持重点企业将原料基地作为企业的第一车间，推广"企业—基地—标准—农户"的订单农业模式，扩大农户种植规模，建设优质专用小麦、高粱原料种植基地。符合条件的酒企在原材料收购、基地建设等方面可享受农业产业化龙头企业优惠政策。落实农产品增值税进项税额核定扣除政策。（责任单位：省农业厅、工业和信息化委）

（八）培养人才队伍。实施重点酒企业家素质提升工程，每年遴选5—10名专心、专业、专注的豫酒企业家，列入百名中原领军型企业家培养计划。增强企业家的质量和诚信意识，全面落实企业主体责任，做到诚实经营、合法经营，用"良心"酿造品牌。依托行业协会积极申报中国酿酒大师，定期组织开展省级品酒师、酿酒师、大工匠等评选和培养工作，开展技能培训、竞赛、考核等活动，对技术比武中成绩优秀的授予荣誉称号，并列入高技能人才范围，纳入省高层次人才特殊支持计划。提高技术技能人才待遇，研究制定技术技能人才激励办法，试行高技能人才年薪制和股权、期权制，倡导用匠心成就匠艺、用匠艺雕琢产品。结合产业人才现状，采取多种方式引进和培养科研、生产、销售等方面急需人才，重点引进经营团队、销售团队和技术团队。加强"校企""院企"合作，支持省内有条件的高校、职业技术院校设置酿酒工程及相关专业，满足豫酒发展人才需求。（责任单位：省人力资源社会保障厅、教育厅、工业和信息化委）

（九）建设专业园区。依托重点企业，规划建设白酒工业园区，科学设置园区准入标准，完善园区配套设施，建立白酒工业园区管理和运行机制。将酿酒小作坊整治和园区建设结合起来，压减数量、整合优化、引导入园。鼓励立足省内配套，大力发展玻璃制瓶、包装材料、彩印包装及设计等白酒关联行业，各地新增白酒关联企业必须进入工业园区。鼓励重点企业建设集酿酒、科研、商贸、旅游、文化于一体的酒产业园区和特色风情小镇，建设仰韶新型酿酒基地、宋河酿酒文化生态产业园、杜康酒产业园、赊店老酒生态酿造园区、皇沟酒文化产业园等。（责任单位：省发展改革委、旅游局、工业和信息化委）

（十）推动绿色发展。按照"产业生态化、生态产业化"的要求，加强重点酒类生产区域及周边环境保护和治理，建立和完善重点白酒产区水源地生态环境保护和生态建设补偿机制，禁止发展不符合国家产业政策、不符合环保要求的产业，禁止高污染、高耗能企业进入重点白酒产业水源地保护范围，切实保障酿造白酒所需的水质和生态要求。推行清洁生产，鼓励企业采用新材料、新工艺，加强技术改造，降低物耗、能耗，节约用水，强化资源综合利用。减少包装对非再生性资源的消耗，控制包装废物的产生，规范包装物回收利用市场，提高资源利用率。（责任单位：省环保厅、工业和信息化委、发展改革委）

四、保障措施

（一）加强组织领导。建立省级协调推进工作机制，负责协调指导酒业转型发展，解决发展中的重大问题。省工业和信息化委负责牵头制定有关工作方案和工作措施，分解落实目标任务，加强督促检查。省直有关部门要结合自身职能，细化工作措施。各省辖市、省直管县（市）政府要制定政策措施，加快

本地酒业转型发展。（责任单位：省工业和信息化委和其他省直有关部门，各省辖市、省直管县〔市〕政府）

（二）强化财税支持。从省先进制造业发展专项资金中单列安排豫酒发展资金5000万元，重点支持企业实施技术改造、智能化改造、绿色化改造，骨干企业升级晋位奖励，质量体系建设、追溯体系建设等。鼓励战略新兴产业投资基金、现代服务业发展投资基金、先进制造业集群培育基金、中小企业发展基金等产业投资基金和市场化基金积极参与支持豫酒发展，联合社会资本设立豫酒产业子基金，重点支持产业链、创新链、供应链建设等。酿酒企业用于新产品、新技术、新工艺、新材料的研发费用按照有关规定享受加计扣除政策。（责任单位：省财政厅、工业和信息化委、食品药品监管局）

（三）创新融资方式。鼓励金融机构加大对符合条件的豫酒生产企业通过审核批准发放信用贷款，积极试行非全额担保和非完全抵押贷款。加大对固定资产投资、流动资金贷款支持力度，对生产经营正常企业不断贷、不抽贷、不限贷。扩大酒企动产、不动产（原酒、窖池）、股权、应收账款、订单和知识产权等抵（质）押融资业务范围；统筹利用金融业发展专项奖补资金，对发行企业债券等债务融资工具实现融资的豫酒企业，按照一定比例给予发行费补贴。（责任单位：省政府金融办、省财政厅、工业和信息化委）

（四）规范市场秩序。整顿和规范酒业市场秩序，建立完善流通市场监管和质量安全监管长效机制，组织开展酒类专项维权活动，加大酒业市场抽检频次和力度，严厉打击违反《中华人民共和国食品安全法》的行为，坚决依法打击假冒侵权行为，查处使用非食用物质、滥用食品添加剂、掺杂使假、以次充好、以假充真、以不合格产品冒充合格产品等违法行为。开展白酒生产许可证清理工作，严格执行酒类生产经营许可制度，对证照不全、无效和无证非法生产、销售行为依法严肃查处。依法保护注册商标专用权，查处对商标和知识产权的侵权行为。（责任单位：省食品药品监管局、商务厅、工商局）

（五）优化发展环境。各地、各有关部门要理顺管理权限，简化酒企项目审批程序，支持重点产区和园区信息化平台、服务平台建设，加强土地、能源、物流、人工等方面保障。严格落实我省酒业转型发展有关政策，全面清理涉酒企业不合理收费，切实降低酒企负担。强化督促考核，建立升级晋位考核体系。每年组织召开河南酒业转型发展表彰大会，表彰豫酒"五朵金花""五大好酒（大单品）""五大酒商"和优秀企业家、先进工作者等，营造推进我省酒业转型发展的浓厚氛围。（责任单位：省工业和信息化委、商务厅、食品药品监管局）